蕾絲鉤織針法&花樣
CONTENTS

Index

U0073383

蕾絲編織的線和針

華麗的蕾絲編織，和其他的編織一樣，都務必有正確的用線規則。基本技巧包括針的正確拿法、線的正確掛法，以及選擇適當的織線號數和編織針。

要用1條細線和細針編織出漂亮的鏤空圖案，關鍵在於線和蕾絲針的號數是否搭配得當。針的粗細是以距離針尖0.7～0.8mm內側位置的直徑為基準，用mm表示。請參考下表。線的粗細和針的粗細，大致以同位數的搭配為基準。

蕾絲線的「號數」和種類

表示蕾絲線粗細的單位，稱為「號數」。而「號數」也代表著線的重量和長度的關係。一定重量的線，越細則越長，數字也越大。蕾絲線的號數從4號到150號為止，但一般較常用的範圍僅限於18、20、30、40、50號。

蕾絲針和線的粗細

\#＝線的號數

針的粗細（實物大小）	蕾絲線（實物大小）	鎖針（實物大小）	線　名
14號針　0.5mm			❶DMC CORDONNET SPECIAL #100
12號針　0.6mm			❷DMC CORDONNET SPECIAL #80
10號針　0.75mm			❸DMC CORDONNET SPECIAL #70
8號針　0.90mm			❹DMC CORDONNET SPECIAL #60
			❺DMC CORDONNET SPECIAL #50
			❻DMC CORDONNET SPECIAL #40
			❼DARUMA蕾絲線 GOLD＃40
			❽HAMANAKA TITI 蕾絲線＃40
			❾OLYMPUS 金票＃40蕾絲線
			❿DMC CORDONNET SPECIAL #30
			⓫DMC CORDONNET SPECIAL #20
			⓬DMC CORDONNET SPECIAL #10
6號針　1.00mm			⓭OLYMPUS RED＃40蕾絲線
4號針　1.25mm			⓮DARUMA SUPIMA蕾絲線＃30
2號針　1.50mm			⓯DMC CORDONNET SPECIAL #5
0號針　1.75mm			⓰OLYMPUS 金票＃18蕾絲線
			⓱OLYMPUS EMMY GRANDE
			⓲HAMANAKA TITI CROCHET
〈實物大小〉			⓳DARUMA SUPIMA 蕾絲線＃20

※DMC蕾絲線是進口線，其他是日本國產線。

用蕾絲線編織的實物大小織片

CLOVER的織法圖和
基礎插圖在97頁

以下是使用第4頁介紹的蕾絲線100號～20號，編織相同圖樣的作品。
因圖片是實物大小，故可當作編織時的基準。

❶ DMC CORDONNET
SPECIAL #100

❷ DMC CORDONNET
SPECIAL #80

❸ DMC CORDONNET
SPECIAL #70

❹ DMC CORDONNET
SPECIAL #60

❺ DMC CORDONNET
SPECIAL #50

❻ 6DMC CORDONNET
SPECIAL #40

❼ DARUMA 蕾絲線
GOLD #40

8HAMANAKA TITI
蕾絲線 #40

❿ 0DMC
CORDONNET
SPECIAL #30

❾ 90LYMPUS 金票
#40蕾絲線

⓫ DMC
CORDONNET
SPECIAL
#20

2DMC
CORDONNET
SPECIAL #10

⓭ OLYMPUS
RED #40蕾絲線

⓯ DMC
CORDONNET
SPECIAL #5

⓮ 0DARUMA
SUPIMA蕾絲線 #30

⓰ OLYMPUS 金票
#18蕾絲線

⓱ OLYMPUS EMMY GRANDE

⓲ HAMANAKA TITI CROCHET

⓳ DARUMA SUPIMA 蕾絲線 #20

5

針法和記號圖的結構

蕾絲編織的重要規則，是必須瞭解針目的高度和豎立用鎖針的目數。

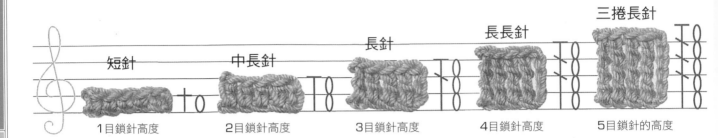

短針	中長針	長針	長長針	三捲長針
1目鎖針高度	2目鎖針高度	3目鎖針高度	4目鎖針高度	5目鎖針的高度

鎖針的結構

把1條線糾纏成3條線般，構成1目鎖針（參照第9頁）。

若把線的結構分解成（ --- ）來說明，那麼（ ⌒ ）＝後側半目。（ ‿ ）＝前側半目。--- ＝裡山。（ Ø ）＝八字。

另外，短針和長針的結構中也含有這種鎖針。這種鎖針會存在於編目的最上方，故此種鎖針稱為「頭部」，其下的部分稱為「針腳」。技法解說上會頻繁使用「在短針頭部入針」、「挑前側半目」或「長針的針腳」等的解說用語。

起針和起針用針的關係

例：編織作品必要目數的鎖針當作起針，然後在1目鎖針上編入1目短針。

基底的鎖針會因針的粗細產生空間。當在此空間編入短針時，原本橫長形的空間，會因加入短針針腳的份量而變成縱長形（右圖）。然而此際無論會產生多大的空隙，仍要在全部的鎖針上編入短針，結果完成後的整體寬度必然縮短。為此要預測其空隙，事先把鎖針的空間做大些，亦即採用較大尺寸的針，當作起針用的針（參照第9頁）。

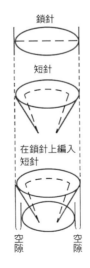

鎖針

短針

在鎖針上編入短針

空隙　　　空隙

織目的頭部

織目的頭部是完成的八字形鎖針，位於掛在針上的鎖針右下方。此目有半目會偏向右側。

┼ ＝短針的頭部。　Ｔ ＝長針的頭部。

因此下一段的針目是在移動半目的頭部（鎖針的八字形2條線）上編入。

編織終點會有移動半目的空間，亦即表示下段的豎立針和第2目之間會產生空洞。平織時，由於是正反交替編織，故豎立針和下一目之間會產生半目空間（右圖）。
圓形編織時，由於每段都是看著正面編織，故豎立針會如風車般，持續向右側移動半目（參照54頁）。

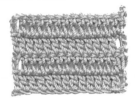

織片正反面的決定法

●從起針挑出全部針目的情形
從起針挑出全部針目編織，第2段起編織豎立針，然後全部針目都要挑起前段頭部（鎖針的八字形2條線）進行平織，結果第1段會呈現下針，這面就視為正面。

●從起針跳躍式挑出的情形
第1段以跳躍式挑針編織，第2段則是將全部的針目逐一編織。這時候，下針數出現較多的那面就視為正面。結果，第1段是呈現上針的狀態（右圖）。

蕾絲編織使用的毛線針

配合線的粗細，使用較細的十字繡針。由於其針尖較圓渾，故幫忙收線時很方便。請配合線區分使用。

〈實物大小〉

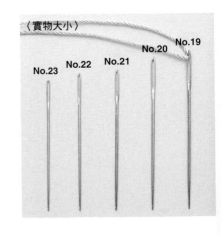

No.23　No.22　No.21　No.20　No.19

針的拿法和線的掛法

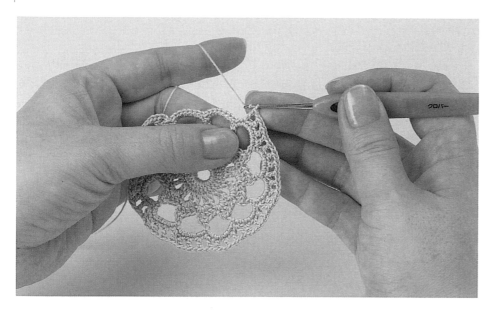

在「蕾絲編織的線和針」篇幅中已提過，想擁有美麗、有效率的編織，有所謂針的正確拿法、線的正確掛法，以及正確的用線……等規則。

首次進行蕾絲編織的人理所當然要學習掛法、拿法，但以前已體會過蕾絲編織樂趣的人，也可藉此機會重新複習一次。從頭仔細檢討，或許會意外發覺出「自己的風格」，或者過去未曾發現的問題，踏踏實實地精進自己的手藝。

● 線的掛法（左手）

 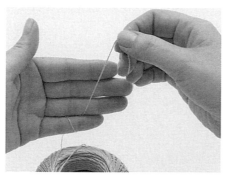 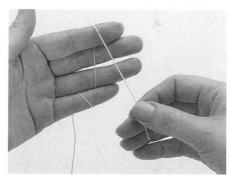

1 右手拿著線端，從左手小指後側（和無名指之間）朝前側掛線。

2 捲一圈往上拉，穿過中央2根手指內側，從食指和中指之間拉出於後側。

3 掛在食指上，把線頭置放在前側。

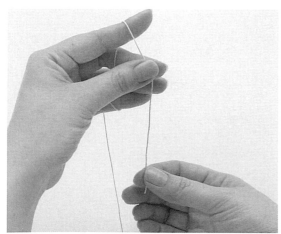

4 把原本用右手捏著的部分，改用左手的拇指和中指捏住，並豎起食指，把線撐開。拉線，在前側約保留10cm。

● 針的拿法（右手）

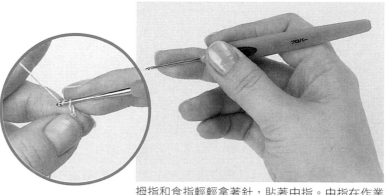

拇指和食指輕輕拿著針，貼著中指。中指在作業時，是擔任壓住針和織目，協助正確編織的角色。

7

基本的針法

首先，來學習正確的鎖針技法

在第6頁已提過，蕾絲編織的基本針法包括『○鎖針』『十短針』『下長針』，再加上『●引拔針』共有4種技法。蕾絲編織的花樣就是由這些技法加以組合構成的。平織時，每段以將織片「正面↔背面」交替翻轉的方式進行編織。圓形編織時，雖多半以每段都看著正面編織，但也有以將織片「正面↔背面」交替翻轉的方式進行編織的情形。在此，請先學會3種技法的基本。

●起頭針的作法

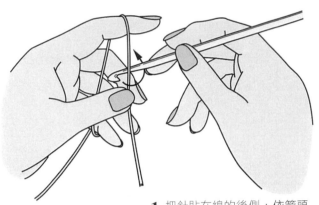

1 把針貼在線的後側，依箭頭指示，把針旋轉1圈。

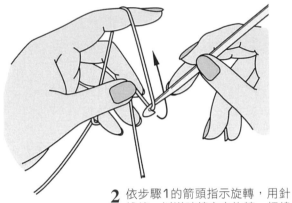

2 依步驟1的箭頭指示旋轉，用針挑線，以逆時鐘方向旋轉，把線捲在針上。

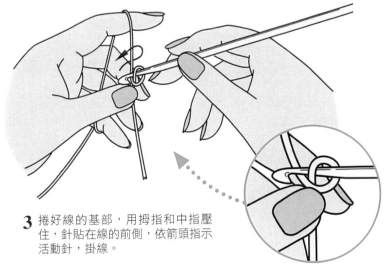

3 捲好線的基部，用拇指和中指壓住，針貼在線的前側，依箭頭指示活動針，掛線。

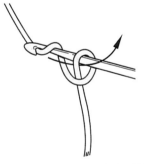

4 線會從針的後側繞到前側，掛在針尖上。再依箭頭指示，把針穿過圈中，拉出。

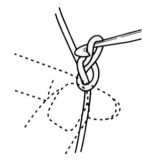

5 拉出線的情形。

Point

在針上掛線時，線是從後側繞到前側，把起頭針掛在針上。之後依據步驟7的要領，線會在針的後側，故可將線直接從後側跨到針的前側來。

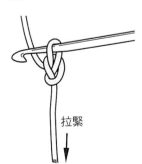

拉緊

6 拉線端，拉緊。

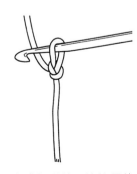

7 完成起頭針。被拉緊的這個小目，不算1針。

反覆鉤織鎖針（○）的鎖針編織

蕾絲編織的起針，除了用線端做環編起針（第16頁）外，多半是
從這種鎖針編織開始的。
用第8頁的要領製作起頭針，然後從下一目起才算1目。

●鎖針的起針

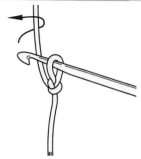

1 把針貼在線的前側，依
箭頭指示轉動針，把線
掛在針尖上。

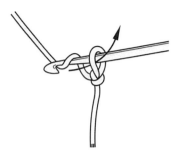

2 將線從掛在針上的目中拉出。
反覆進行這種「從目中拉出
線」的作業，就會形成鎖針編
織。

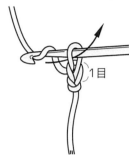

3 織好1目鎖針，位於掛在
針上的目下方。這就是鎖
針編織的第1目。用相同
方法掛線，拉出第2目。

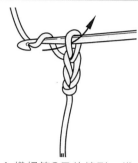

4 織好第2目的情形。織目
的算法是掛在針上的那目
不算，只算掛在針上那目
以下的目數。

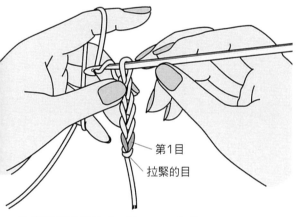

第1目
拉緊的目

8目鎖針

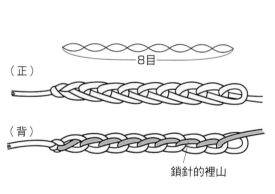

8目

（正）

（背）

鎖針的裡山

5 繼續編織鎖針時，以5、6目為基準加以
拉直，讓鎖針能穩定地以同一步調完
成。請別怕麻煩，嘗試看看！

6 持續編織到必要的目數。因
步調一致，故反覆編織的目
會大小一致，整齊美觀。

7 鎖針的正面和背面。

●依據起針（鎖針）和織片的狀態，變換針的粗細　40號蕾絲線的情形

在第6頁「起針和起針用針
的關係」中曾詳細解說過，
為了因應這種基底鎖針和織
片所產生的尺寸差，可預測
其空隙，使用較大尺寸的針
來編織較大的鎖針。但因花
樣的不同也會有差異，故列
出實例給各位參考。

花樣編織		起針用針的號數	針的號數和目的挑法
短針織片		起針 2號	短針 6號　挑半目和裡山
長針織片		起針 4號	長針 6號　挑半目和裡山
長針方眼編		起針 6號	方眼編 6號　挑半目和裡山
松編方眼編		起針 4號	松編方眼編 6號 挑半目和裡山
松編		起針 4號	松編 6號　挑半目和裡山
兩面短針		起針 2號	短針 6號　挑半目和半目

用短針進行「平織」的情形

短針的豎立針是使用1目鎖針。但該鎖針不算1目，故要在和豎立用鎖針相同的基底上編織短針。

第1段的織法，一般是挑起針的「鎖針上側半目和裡山」的2條線。

●有關短針的記號

日本工業規格（JIS）所規定的短針記號是[×]，但本書自行將短針的記號改為[＋]。
這是基於表現上的優勢。

1目豎立用鎖針

第1段

挑起針的「鎖針上側半目和裡山」的2條線

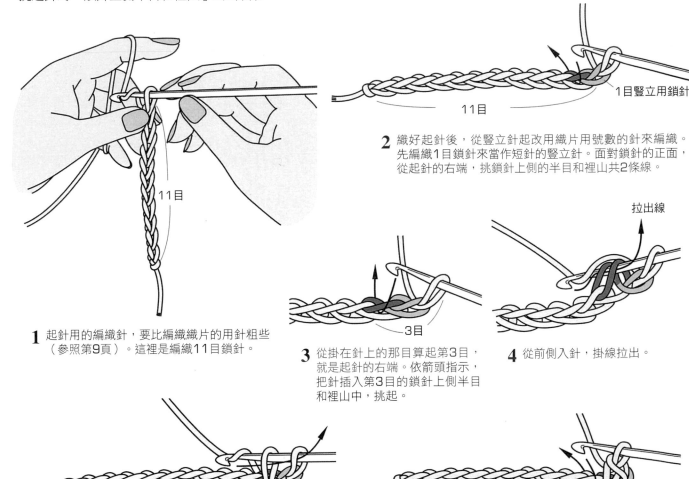

1 起針用的編織針，要比編織織片的用針粗些（參照第9頁）。這裡是編織11目鎖針。

11目

2 織好起針後，從豎立針起改用織片用號數的針來編織。先編織1目鎖針來當作短針的豎立針。面對鎖針的正面，從起針的右端，挑鎖針上側的半目和裡山共2條線。

11目　　1目豎立用鎖針

3 從掛在針上的那目算起第3目，就是起針的右端。依箭頭指示，把針插入第3目的鎖針上側半目和裡山中，挑起。

3目

拉出線

4 從前側入針，掛線拉出。

5 再度掛線，把2個圈一口氣引拔出來。

6 織好右端的短針1目。接著一樣一邊挑起鎖針上側半目和裡山的2條線，一邊編織。

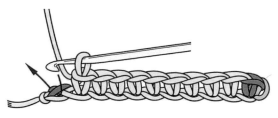

7 挑到起針的左端＝拉緊的目（起頭針）前為止，編織短針，針數和起針相同為11目。

8 織好第1段。這是正面。

第2段 織片背面要在前則

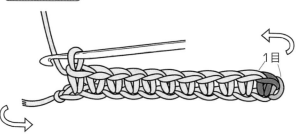

1目

1 右端是1目豎立用鎖針。換織第2段時，要邊把織片右端向後推，邊把左側轉到前側般翻面。

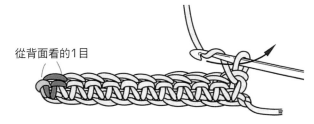

從背面看的1目

2 變成短針的第1段背面朝前側，1目豎立用鎖針在左端。織片翻面後，線會在織片的前側。故要從針的後側朝前側掛線，編織豎立用鎖針。

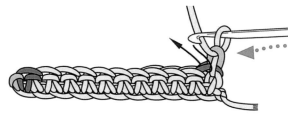

3 豎立針不算1目，故挑前段右端的短針頭部（鎖針的八字形2條線），編織1目短針。

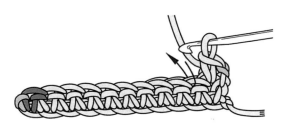

4 用相同方法，挑起前段的短針頭部（鎖針的八字形2條線）持續編織。

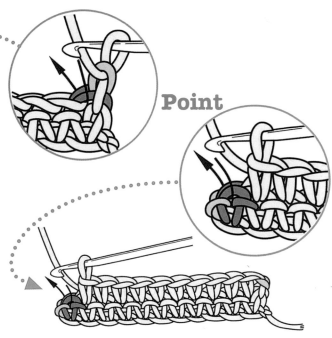

Point

5 左端的編織終點也一樣，挑前段的短針頭部（鎖針的八字形2條線）編織。

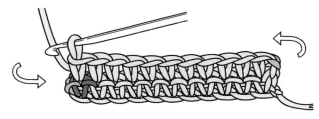

6 織好第2段。然後使用第2段步驟1的要領，把織片的左側轉向面前，讓織片翻面。

基本的編織法

用短針進行「平織」的情形

11

第3段

織片正面要在前側

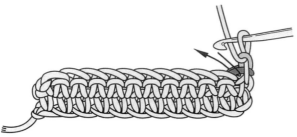

1 從針的後側掛線，編織1目豎立用鎖針，從邊端的目開始編織。

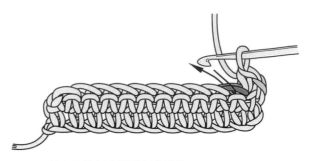

2 第2目起也用相同方法編織。

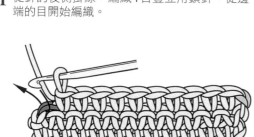

3 左端的終點也一樣，挑前段的短針頭部（鎖針的八字形2條線）編織。

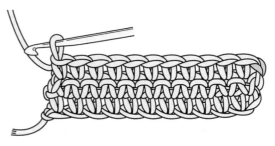

4 織好第3段。第4段以後，起點豎立針的編織法，終點織片的翻面法，都與以上步驟相同（參照下圖）。

最末段

最末段編織終點的收線法

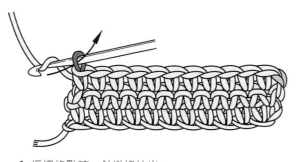

1 編織終點時，針掛線拉出。

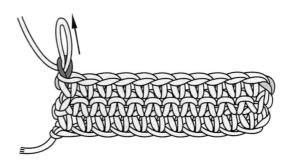

2 把拉出的圈拉長一些。

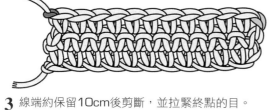

3 線端約保留10cm後剪斷，並拉緊終點的目。

●織片左側轉向前側，線端位於右側的情形。

用長針進行「平織」的情形

和短針平織相同,每一段都要正、反,正、反地讓織片翻面。
長針的高度是短針的3倍,故豎立針使用3目鎖針。並把該豎立針當
作1目。
而起針中的1目要當作豎立用的基底。從第2目起編織長針。
起針用的針如同第9頁的要領,使用比織片用針較粗的尺寸來編織,
挑鎖針半目和裡山的2條線。

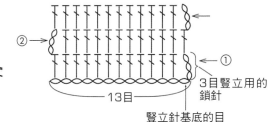

第1段
把豎立針當作1目

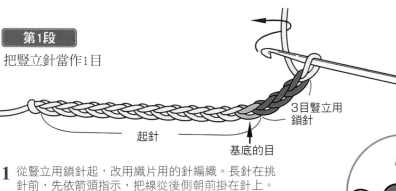

1 從豎立用鎖針起,改用織片用的針編織。長針在挑
針前,先依箭頭指示,把線從後側朝前掛在針上。

2 豎立針算成第1目,故第2目是從掛在針上的目算起
的第6目,依箭頭指示在此目入針。

3 挑起針的「鎖針上側半目和裡山」的2條線,
從前側入針,掛線拉出。拉出2針鎖針(長針
高度的2/3)的高度為基准。

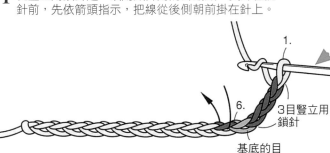

4 再次掛線,從針尖算起的2個圈拉出線。

5 再次掛線,從剩餘的圈中一口氣拉出。

6 編織2目長針的情形。用相同方法,反覆步驟1~
5持續編織。

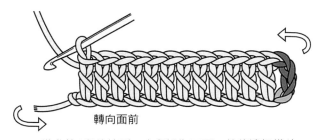

轉向面前

7 織完第1段的情形。本段視為正面。然後邊把織片
右端向後推,邊把左端轉向面前,讓織片翻面。

13

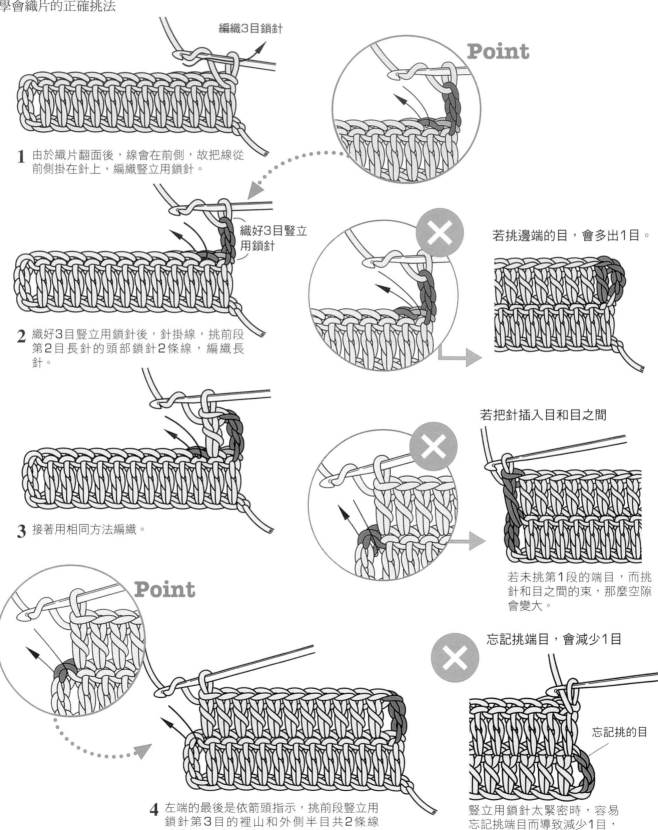

第2段

學會織片的正確挑法

編織3目鎖針

Point

1 由於織片翻面後，線會在前側，故把線從前側掛在針上，編織豎立用鎖針。

織好3目豎立用鎖針

2 織好3目豎立用鎖針後，針掛線，挑前段第2目長針的頭部鎖針2條線，編織長針。

若挑邊端的目，會多出1目。

3 接著用相同方法編織。

若把針插入目和目之間

若未挑第1段的端目，而挑針和目之間的束，那麼空隙會變大。

Point

4 左端的最後是依箭頭指示，挑前段豎立用鎖針第3目的裡山和外側半目共2條線（第1段豎立用鎖針成為背側），

忘記挑端目，會減少1目

忘記挑的目

豎立用鎖針太緊密時，容易忘記挑端目而導致減少1目，務必留意。

第3段

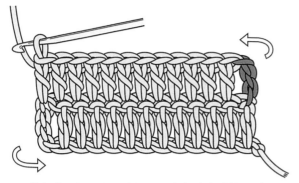

1 織好第2段之後,邊把織片的右端向後推,邊把左端轉向前,讓織片翻面。

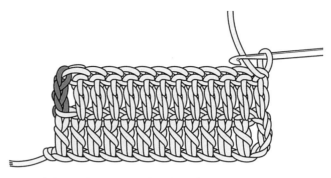

2 織片翻面後,線會在織片的前側。編織豎立用鎖針。

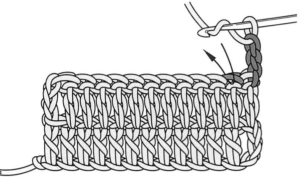

3 編織3目豎立用鎖針,然後在針上掛線,挑前段第2目長針的頭部(鎖針的八字形2條線),編織長針。

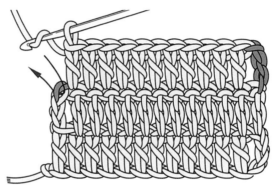

4 左端是前段的豎立用鎖針,因成為正面,故要挑第3目鎖針外側半目和裡山的2條線。

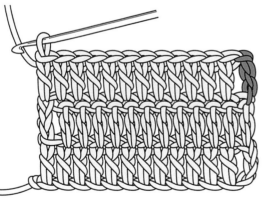

5 織完第3段的情形。第4段以後,不論起點的豎立針,或是終點的織片翻面,作法都與上方步驟相同。

編織終點

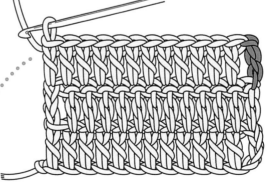

Point

編織終點時,針掛線拉出,把目拉大一些。線端約保留10cm後剪斷,並拉緊編織終點的目。

從中心開始進行「圓形編織」時的起針
＝環編起針

蕾絲編織若從中心開始編織時，有2種基本起針法。
至於要選擇怎樣的中心，則依款式而定。

●依款式而定，選擇起針法

●用線端做環

詳情參照第8頁。針掛線做個環，在環中鉤起頭針。之後拉線，讓中心的空隙消失。

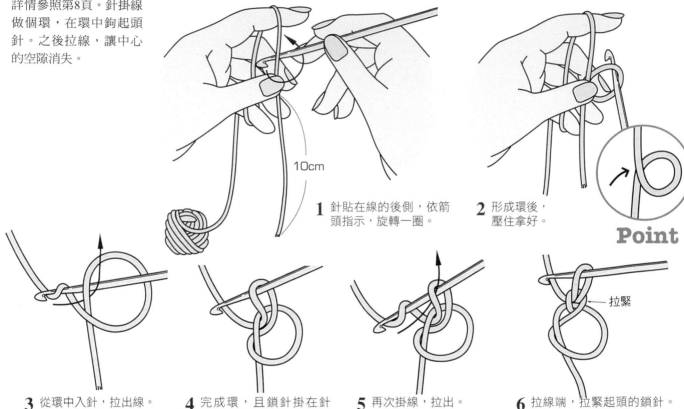

10cm

1 針貼在線的後側，依箭頭指示，旋轉一圈。

2 形成環後，壓住拿好。

Point

3 從環中入針，拉出線。

4 完成環，且鎖針掛在針上。這種狀態就是起針的環。

5 再次掛線，拉出。

6 拉線端，拉緊起頭的鎖針。並把掛在針上的目視為豎立針。

拉緊

●用鎖針做環

由於之後就無法把鎖針拉緊，故中心就是數針鎖針所形成的圓形空間。編織必要目數的鎖針。

（8目）

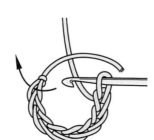

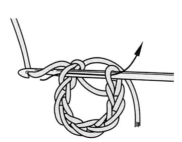

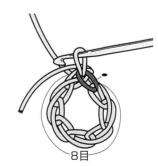

8目

1 在此是用8目鎖針做環，故編織8目鎖針。

2 線端轉向右側，用起針做環。依箭頭指示，挑第1目鎖針的外側半目1條線，入針。

3 以線端放在右側的狀態，針掛線，拉出線，亦即形成引拔針。

4 線端放在進行方向（因是逆時鐘方向，故在左側），並用第1段來編織包覆。

用短針進行「圓形編織」的情形

進行環編起針。環編起針法參照第16頁「1.用線端做環」。每段的編織起點都做1目豎立用鎖針,然後邊看著正面加針,邊編織擴大。

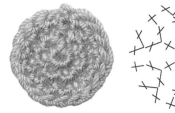

第1段 進行環編起針

1 參照第16頁的「用線端做環」,進行環編起針。

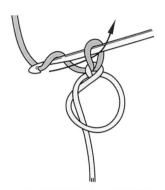

2 針掛線拉出,編織1目鎖針。

豎立針

3 此目當作短針的豎立針。

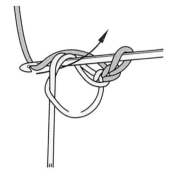

4 把針插入環中,拉出線。

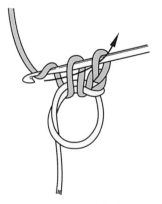

5 再次掛線,再次拉出。

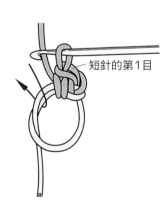

短針的第1目

6 這是短針的第1目,接著把針插入環中,編織短針。

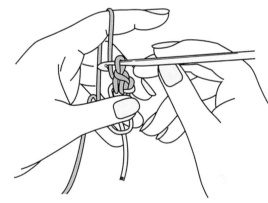

7 用拇指、中指和無名指壓住拿好起針的環。

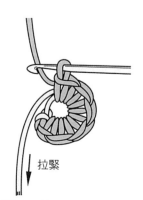

拉緊

8 編織6目第1段的短針之後,拉線端,把環束緊。

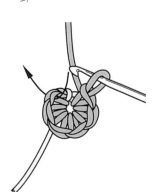

9 中心縮小之後,第1段的終點要在短針的第1目做引拔。

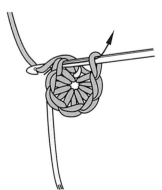

10 從前側入針,挑短針頭部鎖針的2條線和線端,掛線拉出。

引拔針

11 這一目成為引拔針,第1段完成。

第2段

持續看著正面，邊加針邊編織。
線端雖然可用第1段編織包覆，然後剪斷收線，但有時第2段也要編
織包覆，故在此以第2段也要編織包覆的方法為例說明。

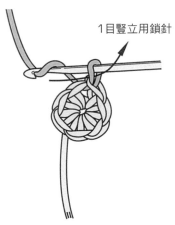

1 目豎立用鎖針

1 編織1目鎖針當作短針的豎立針（短針時，豎立針不算1目）。

豎立用鎖針

2 第2段為了把圓擴大，故編織的目數為第一段的一倍，為12目，讓織片朝外側擴大。

3 和引拔針相同，挑起前段短針的頭部（鎖針的八字形2條線），邊編織包覆線端，邊編織短針。

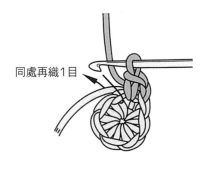

同處再織1目

4 為了擴大織片，在第1段的短針上，每一目織入2目短針。

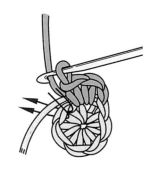

5 用相同方法，持續在第1段的短針上編織2目短針。

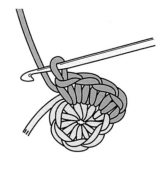

6 從2目編織成4目的情形。用相同方法反覆操作。

7 因第2段是在第1段的短針中各編織2目，故共編織12目，亦即比第1段增加6目。

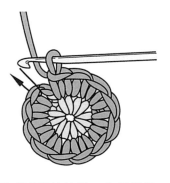

8 第2段的終點，也是從前側，把針插入短針第1目的頭部（鎖針的八字形2條線），進行引拔。

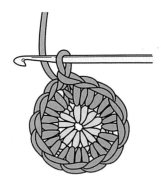

9 織好第2段。

第3段 每隔1目加針

1 編織1目豎立用鎖針。

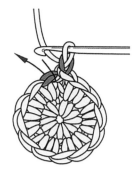

2 同樣挑前段短針的頭部（鎖針的八字形2條線），編織1目。

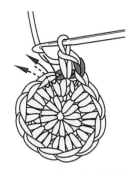

3 挑下個短針的頭部（鎖針的八字形2條線），編織2目（在此完成加針）。

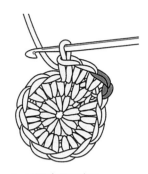

4 反覆步驟2和3。

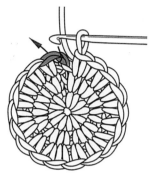

5 第3段的終點，也是將針插入前段短針第1目的頭部（鎖針的八字形2條線），接著進行引拔。

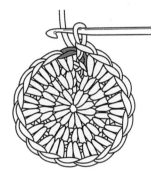

6 織好第3段。

編織終點的收線法A

針穿線，和短針的頭部對齊製作鎖針，然後拉線，束緊這個鎖針，然後收線。

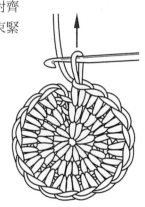

1 為了準備收線，故在步驟5之前，把掛在針上的圈拉長，線端約保留15cm後剪斷。

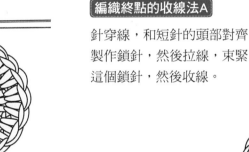

Point

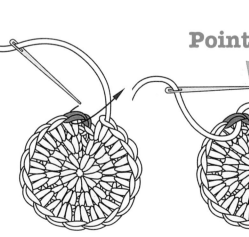

2 把線端穿在針上，從後側朝前側，挑起第3段第1目短針的頭部（鎖針的八字形2條線）。

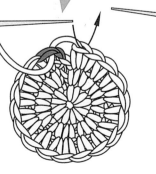

3 接著回到最後一目短針的頭部（鎖針的八字形2條線），以右上圖的要領，在後側出針。

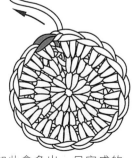

4 如此會多出一目完成的鎖針，故要拉緊線，讓此目消失。

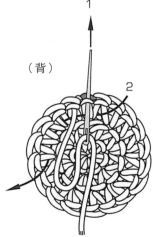

（背）

5 1.用從背面拉出的線，挑右側短針的裡山拉緊。
2.和進行方向相反，以不影響正面的狀態，把線端潛藏在織目中，剪斷線。

用長針進行「圓形編織」的情形

參照第16頁「用線端做環」，進行環編起針。
每段都是看著正面，邊加針邊編織擴大。

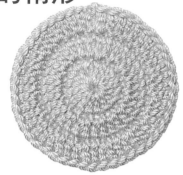
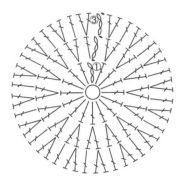

第1段 進行環編起針

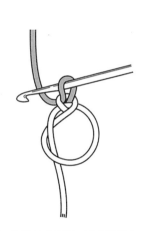

1 參照第16頁，進行環編起針。

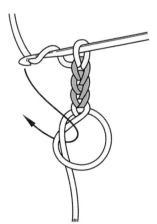

2 編織3目鎖針當作長針的豎立針。接著編織長針。

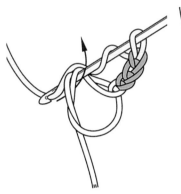

3 針掛線，從前側插入環中，掛線拉出。

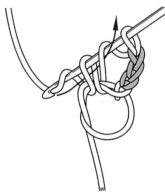

4 拉出線之後，再次掛線，從針尖算起的2個圈中一口氣拉出線。

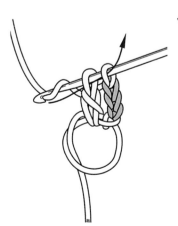

5 再次掛線，從剩餘的圈中，一口氣拉出線。

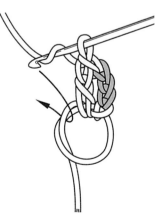

6 這是編織1目長針，加上豎立用鎖針共編織2目的情形。接著編織長針。

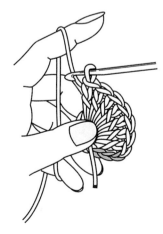

7 邊旋轉織片，邊拿著起針的環編織。

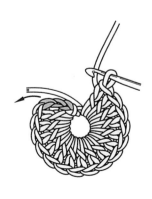

8 織好16目第1段的長針。拉線端，把起針的環拉緊。

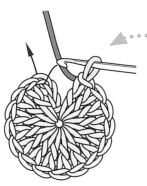
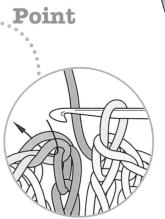

Point

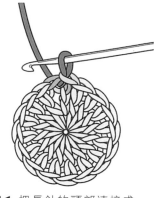

9 第1段的編織終點，是在豎立用鎖針第3目的「正面八字2條線和裡山之間」，把針插入，引拔目。

10 從前側入針，針掛線，再度引拔。

11 把長針的頭部連接成圈，完成第1段編織。

第2段

邊加針，邊編織32目長針

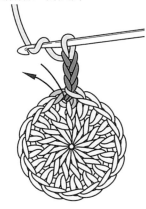
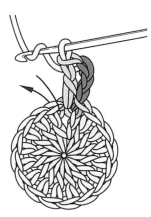
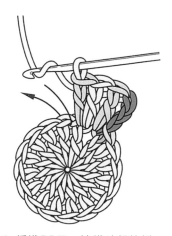

1 編織3目豎立用鎖針，在引拔的那目入針，再編織1目長針。

2 第2段為了擴大編片，故要比第一段多增加16目（在第1段的第一目中各編入2目長針）。

3 編織32目，讓織片朝外側擴大。

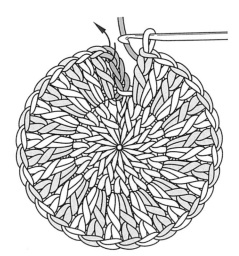
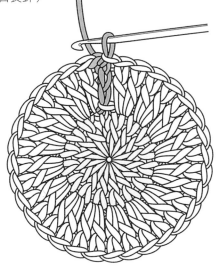

4 編織終點，是把針插入第3目豎立用鎖針的「正面八字2條線和裡山之間」，掛線，引拔。

5 藉由引拔，把長針的頭部連接成圈，第2段完成。

第3段　每隔1目加針，共增加16目

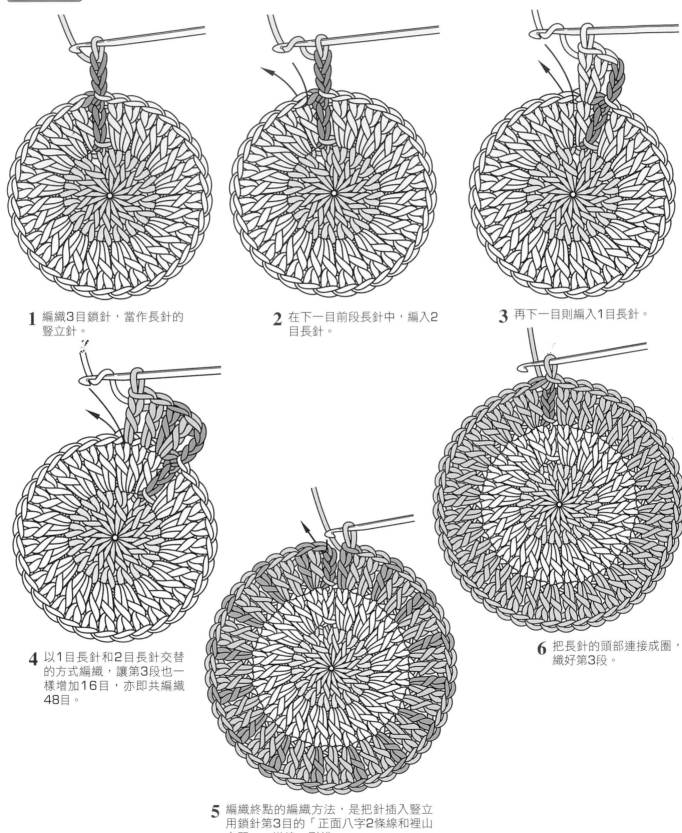

1 編織3目鎖針，當作長針的豎立針。

2 在下一目前段長針中，編入2目長針。

3 再下一目則編入1目長針。

4 以1目長針和2目長針交替的方式編織，讓第3段也一樣增加16目，亦即共編織48目。

6 把長針的頭部連接成圈，織好第3段。

5 編織終點的編織方法，是把針插入豎立用鎖針第3目的「正面八字2條線和裡山之間」，掛線，引拔。

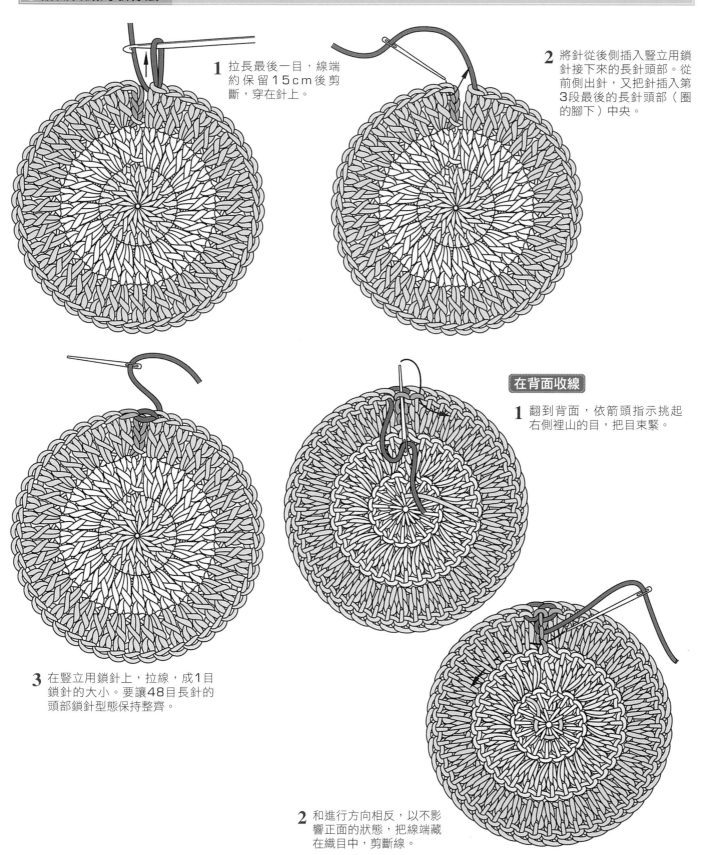

● 編織終點的收線法

1 拉長最後一目，線端約保留15cm後剪斷，穿在針上。

2 將針從後側插入豎立用鎖針接下來的長針頭部。從前側出針，又把針插入第3段最後的長針頭部（圈的腳下）中央。

3 在豎立用鎖針上，拉線，成1目鎖針的大小。要讓48目長針的頭部鎖針型態保持整齊。

在背面收線

1 翻到背面，依箭頭指示挑起右側裡山的目，把目束緊。

2 和進行方向相反，以不影響正面的狀態，把線端藏在織目中，剪斷線。

A

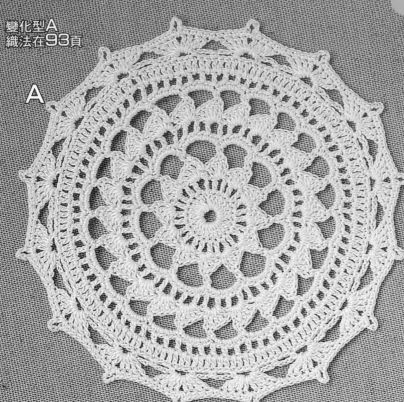

3種技法
（鎖針、短針、長針）
的基本小飾巾

組合鎖針、短針和長針，即可編織成小巧可愛的
小飾巾。
同時，在編織小飾巾（doily）時，也可邊學會正
確的編織基礎。

C

練習作品
織法在25頁

B

〈實物大小〉

蕾絲作品小飾巾的織法

在本書第8～23頁，我們已學會「鎖針、短針、長針」的3種基本技法。現在就使用這些技法，實際編織蕾絲小飾巾吧！

為了讓初學蕾絲編織的人也能順利作業，將依序逐一做詳細解說，請各位挑戰看看！會編織本作品後，即也會編織應用型的2件作品。

- 線／DMC CORDONNET SPECIAL #30
- 蕾絲針／8號
- 完成尺寸／直徑約8cm

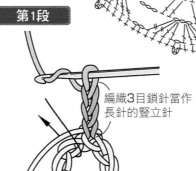

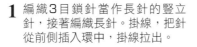

環編起針

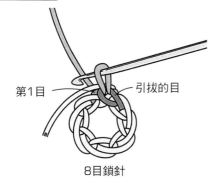

第1目　　引拔的目

8目鎖針

參照第16頁，進行8目鎖針的環編起針。
線端放在進行方向，加以編織包覆。

第1段

1 編織3目鎖針當作長針的豎立針，接著編織長針。掛線，把針從前側插入環中，掛線拉出。

編織3目鎖針當作長針的豎立針

2 拉出的長度以2目鎖針份為基準（長針高度的2/3）。線拉出之後，再次掛線，從針尖算起的2個圈中一口氣拉出線。

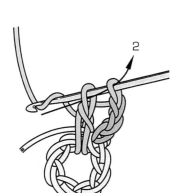

3 再次掛線，把未完成的2個圈一起做引拔。

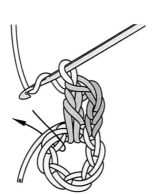

4 編織1目長針，加上豎立針共編織2目。接著編織長針。

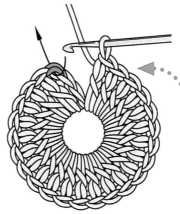

5 織好24目第1段的長針。在最初的豎立用鎖針第3目上做引拔，進行終點編織。

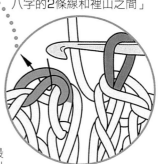

Point

從前側把針插入「鎖針正面八字的2條線和裡山之間」

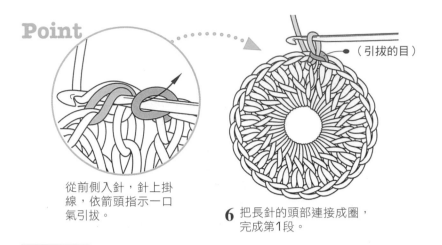

Point

從前側入針，針上掛線，依箭頭指示一口氣引拔。

6 把長針的頭部連接成圈，完成第1段。 （引拔的目）

第2段

在第一段全部的長針上進行挑針，之間加入1目鎖針，共加針24目。

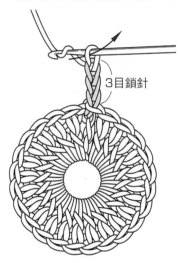

1 編織3目豎立用鎖針，接著再編織1目鎖針。

3目鎖針

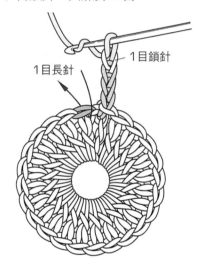

2 挑前段第2目的長針頭部，編織1目長針。

1目長針　1目鎖針

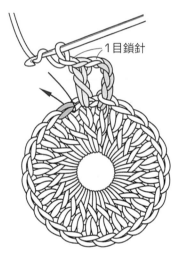

3 接著，編織1目鎖針。第2段為了把圓擴大，故要增加和第1段同數的24目。這些就是在長針之間加入的鎖針。

1目鎖針

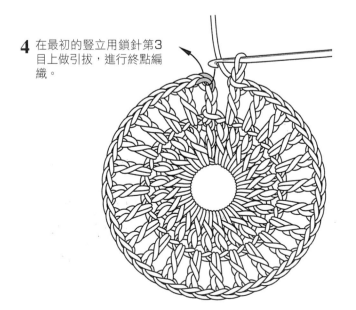

4 在最初的豎立用鎖針第3目上做引拔，進行終點編織。

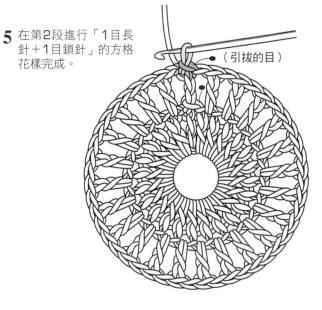

5 在第2段進行「1目長針＋1目鎖針」的方格花樣完成。 （引拔的目）

第3段 配合花樣，把豎立針的位置移動1目

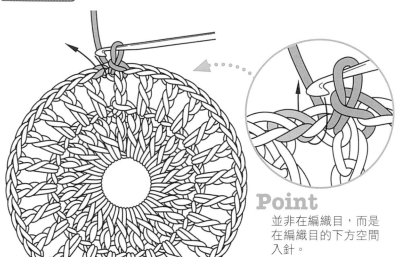

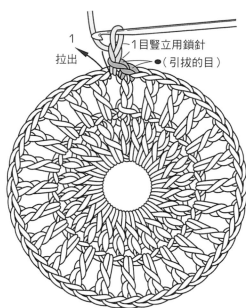

Point
並非在編織目，而是
在編織目的下方空間
入針。

1 拉出

1目豎立用鎖針
●（引拔的目）

1 從前側把針插入前段最初的「鎖針下方空間」，把在後側的線一口氣拉到前側。但並非把針插入編織目中，而是插入空間挑針，這稱為『整束挑起』。

2 因進行整束挑起與引拔，故第3段的豎立針位置會向左移動1目。在此編織1目鎖針，當作短針的豎立針。

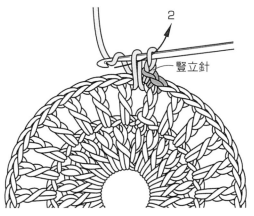

2
豎立針

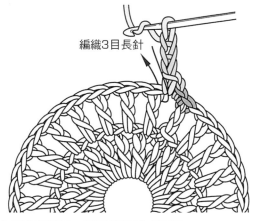

編織3目長針

3 編織1目短針。

4 配合編織圖，編織3目豎立用鎖針。

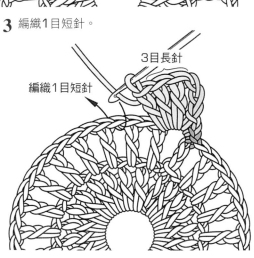

3目長針
編織1目短針

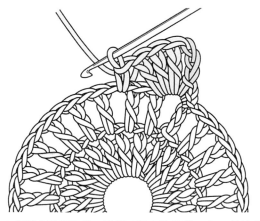

5 同一個地方進行整束挑起，編入3目長針。

6 編織3目長針後，跳過1個方格花樣，在下格進行整束挑起。

在短針頭部做引拔

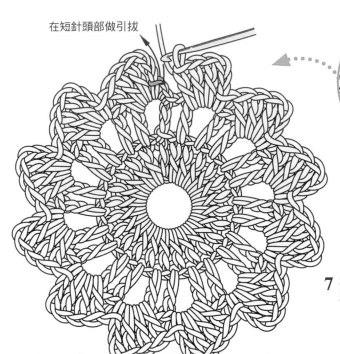

Point

最後，在編織起點的短針頭部（鎖針的八字形2條線）做引拔。從前側把針插入短針頭部，於後側出針，掛線，一口氣引拔到前側。

7 相同作法反覆作業，編織12個花瓣花樣。

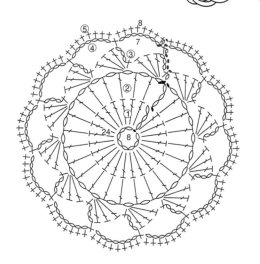

| 第4段 | 靠引拔移動到第4段的編織起點處 |

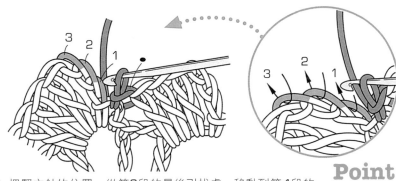

1 把豎立針的位置，從第3段的最後引拔處，移動到第4段的編織起點處。如右圖般，挑鎖針外側1條線，以1目鎖針引拔1目的方式，持續從記號1引拔到記號3。

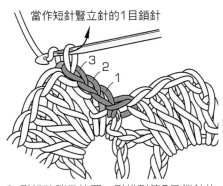

當作短針豎立針的1目鎖針

2 引拔時稍微拉緊。引拔到第3目鎖針的頭部為止，再編織1目鎖針當作短針的豎立針。

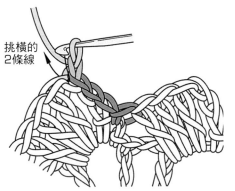

挑橫的2條線

3 當作短針豎立針的1目鎖針，不算1目。接著在和引拔第3時的同一目上，挑鎖針半目和裡山的2條線，編織短針。

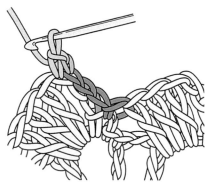

4 織好第1目短針的情形。

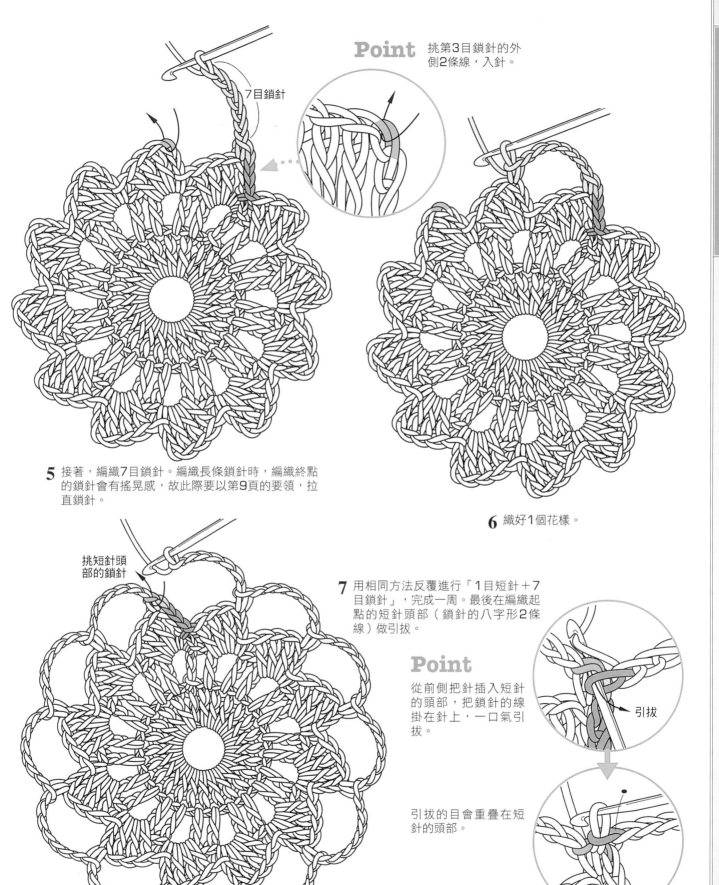

Point 挑第3目鎖針的外側2條線，入針。

7目鎖針

5 接著，編織7目鎖針。編織長條鎖針時，編織終點的鎖針會有搖晃感，故此際要以第9頁的要領，拉直鎖針。

6 織好1個花樣。

挑短針頭部的鎖針

7 用相同方法反覆進行「1目短針＋7目鎖針」，完成一周。最後在編織起點的短針頭部（鎖針的八字形2條線）做引拔。

Point

從前側把針插入短針的頭部，把鎖針的線掛在針上，一口氣引拔。

引拔

引拔的目會重疊在短針的頭部。

第5段 挑鎖針的束，在網編的1山中編織8目短針

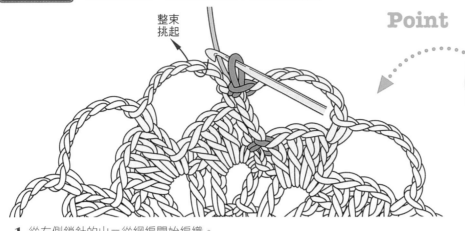

整束挑起

引拔

從鎖針的山，亦即在束中引拔

在鎖針的山＝在網編的束中引拔

1 從左側鎖針的山＝從網編開始編織。
把針插入網編下側的空間，針掛線，引拔到前側。

Point

藉由引拔，編織起
點的位置會向左側
移動1目。編織1
目豎立用鎖針，整
束挑起編織短針。

1目豎立
用鎖針

整束挑起

把針插入這個空間，如
包覆般的編織挑法，稱
為「整束挑起」。

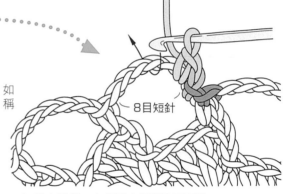

8目短針

2 整束挑起，在網編上編織8目短針。

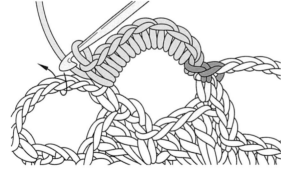

3 編織8目短針後，移動到下個網編上。

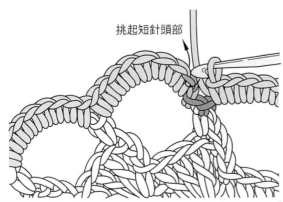

挑起短針頭部

4 織好一周。最後在編織起點的短針頭部（鎖針的八字
形2條線）做引拔。

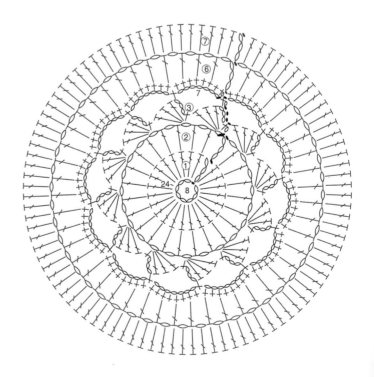

第6段 和第2段一樣，編織「1目長針＋1目鎖針」的方格花樣。

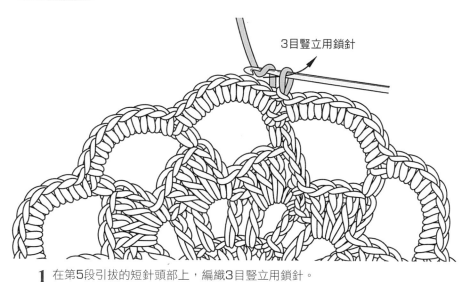

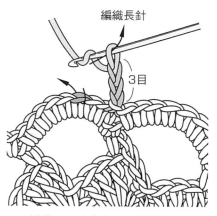

3目豎立用鎖針

編織長針

3目

1 在第5段引拔的短針頭部上，編織3目豎立用鎖針。

2 編織1目形成空間用的鎖針，下一目的長針是在跳過前方1目的前段鎖針位置進行挑針。

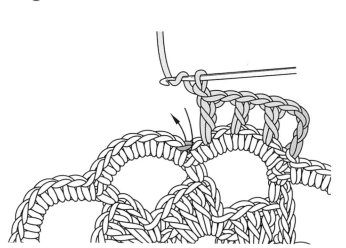

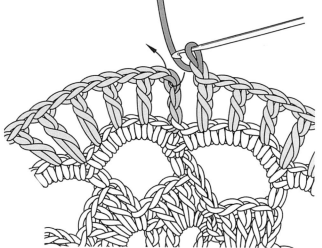

3 用相同方法反覆操作，編織一周。

4 最後在編織起點的豎立用鎖針第3目上做引拔。

Point

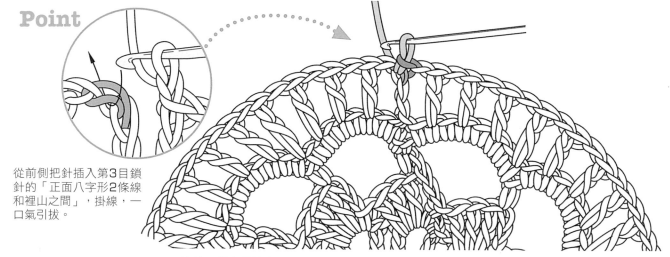

從前側把針插入第3目鎖針的「正面八字形2條線和裡山之間」，掛線，一口氣引拔。

5 連接長針和鎖針的頭部，織好第6段。

第7段 全部的針目用長針編織一周

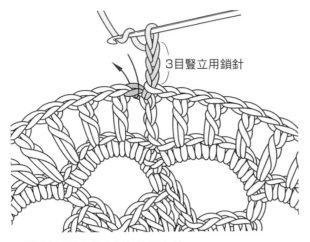

3目豎立用鎖針

1 編織3目鎖針當作長針的豎立針。
接下來的長針是挑前方（腳下）的鎖針束編織長針。

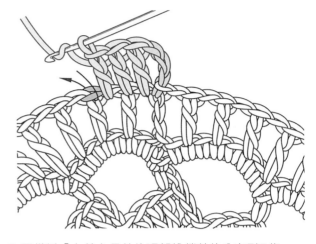

2 同樣以「在前方長針的頭部挑鎖針的八字形2條線，以及挑鎖針的束」此方式，用長針編織一周。

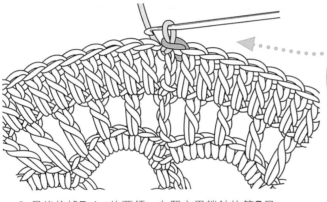

Point

3 最後依據Point的要領，在豎立用鎖針的第3目上做引拔。一周共編織96目。

第8段

編入鎖針增加目數，擴大織片

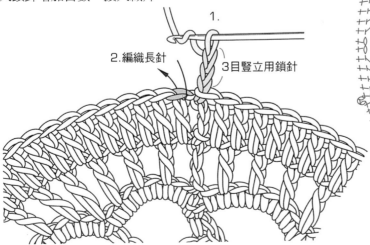

1.

2.編織長針

3目豎立用鎖針

1 先編織3目豎立用鎖針，再編織1目長針。以編織圖的要領，在4目長針之間加入3目鎖針。

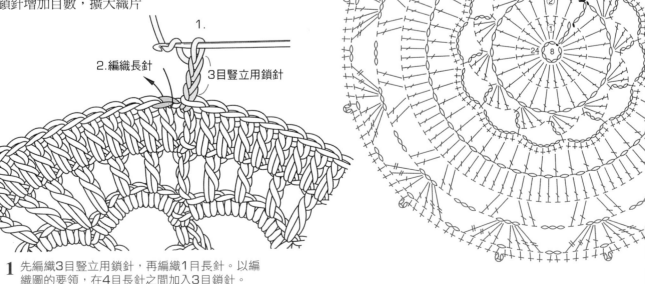

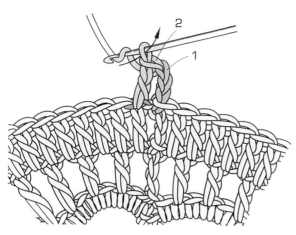

2 再編織1目長針，接著編織3目鎖針。

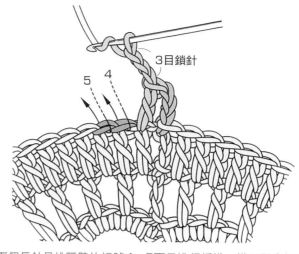

3 下個長針是挑隔壁的記號4、5兩目進行編織，織目即會如扇形般張開。

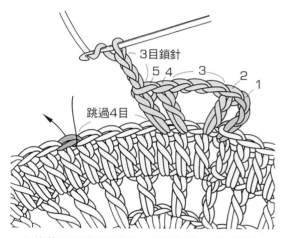

4 接著又編織3目鎖針，往前跳過4目長針的位置編織下個花樣，並反覆編織此花樣。

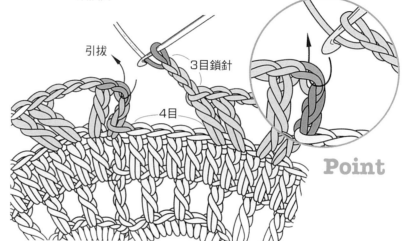

5 編織一周，最後在編織起點的豎立用鎖針第3目上做引拔。

第9段

學習比長針還要高的長長針

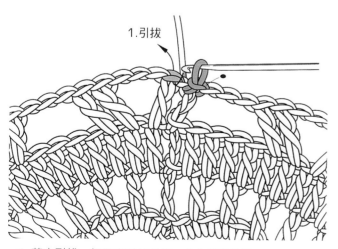

1 藉由引拔，把豎立針的位置，向左移動2目。

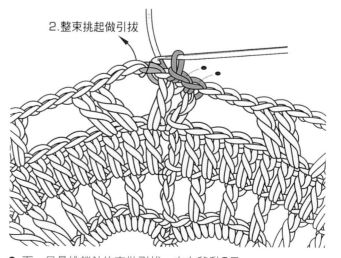

2 下一目是挑鎖針的束做引拔，向左移動2目。

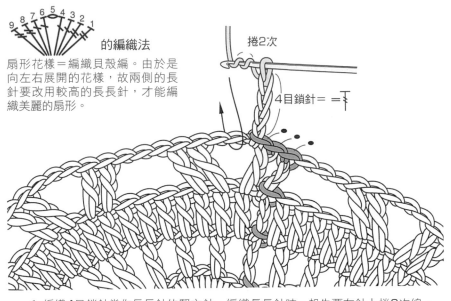
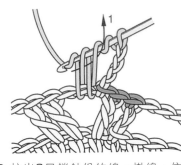

的編織法
扇形花樣＝編織貝殼編。由於是向左右展開的花樣，故兩側的長針要改用較高的長長針，才能編織美麗的扇形。

捲2次

4目鎖針＝

1 編織4目鎖針當作長長針的豎立針。編織長長針時，起先要在針上捲2次線。

2 拉出3目鎖針份的線，掛線，依箭頭指示，從針尖起的2個圈中拉出。

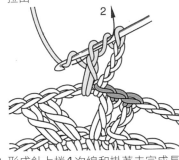

3 形成針上捲1次線和掛著未完成長針的狀態。再次掛線掛線，依箭頭指示，從針尖起的2個圈拉出。

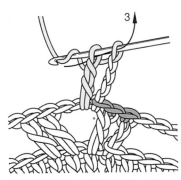
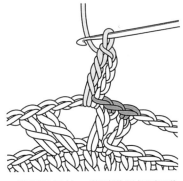
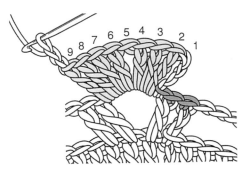

4 針上保留未完成的長長針。再次掛線，從剩下的針目中一次拉出。

5 織好長長針。織到織目記號2為止。沿著織目記號，依序編織下去。

6 織好織目記號1～9。接著編織貝殼編之間的2目鎖針，用相同方法反覆。

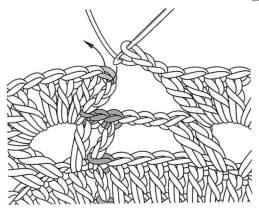
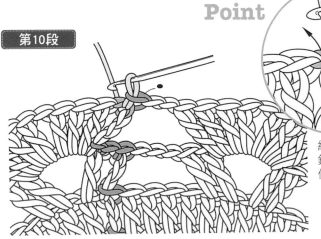

Point

7 織完一周，最後在編織起點的豎立用鎖針第3目上做引拔。

第10段

最末段用緣編繞一周。緣編包括編織短針，以及在貝殼編中心位置編織3目鎖針的結粒。

編織1目豎立用鎖針，在相同的位置編織短針。

緣編和3目鎖針的結粒針織法

最末段是編織緣編。為使織片穩定故編織短針一圈,並在貝殼編處加入裝飾用的3目鎖針的結粒針。分別挑起前段長針頭部鎖針的八字形2條線,以及鎖針的束來編織。

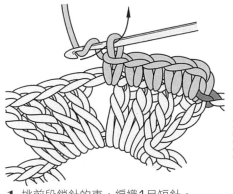

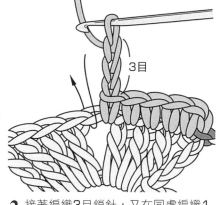
3目

1 挑前段鎖針的束,編織1目短針。

2 接著編織3目鎖針,又在同處編織1目短針。

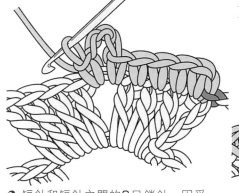

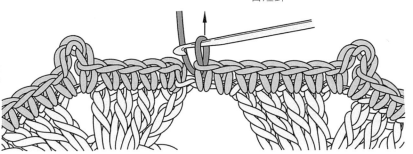

3 短針和短針之間的3目鎖針,因受到壓擠會突起形成孔狀,這稱為結粒。

4 依編織圖的要領,用緣編繞一周。

編織終點的收線法

連接編織終點與編織起點,挑起最後掛線那一目,將線拉長,線端保留15cm剪斷,穿過針。

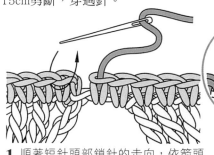

Point

挑第2目短針的頭部,以將出於前側的線,送回編織終點的方式,把針插入原本那一目的中央。

1 順著短針頭部鎖針的走向,依箭頭指示,把針插入編織起點側第2目的短針頭部。

線的穿法

使用細線和細針,穿針當然困難。不過有個自古流傳的方法可供參考,那就是把線貼著針耳的細面,用力捏住摩擦,讓線產生折痕後再進行穿線。

❶

❷

❸

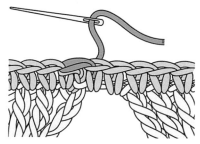

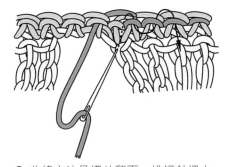

2 拉線形成1目鎖針的大小,完成的目會重疊在編織起點的短針頭部上。

3 收線方法是織片翻面,挑短針裡山的目,把線端藏到織目中。

網編小飾巾的織法
94頁

網編的小飾巾

在此,不改變網編的鎖針數,而以平均增加網編的山數來擴大織片。
另外,因使用的是細線,故為使網編的模樣一致,也不編織鎖針來當
短針的豎立針。
能漂亮編織網編的要訣是,編織鎖針時,掛在針上的線避免鬆弛,務
必拉到會發出聲音般地把目拉緊。同時也要把固定鎖針的短針拉緊。
誠如練習頁介紹的訣竅「引拔圈時,中間要暫停一下下,分2次引
拔」。

練習作品

網編的小飾巾
練習作品的織法

練習作品的網編小飾巾，是把大作品編織到其中央
11段為止的狀態。第37頁有實物大小的介紹，使用
同樣款式的線編織時，可當作織目大小的基準。

● 線／OLYMPUS #40蕾絲線
● 蕾絲針／8號

〈實物大小〉

用8目鎖針做環編起針　　參照第16頁的「用鎖針做環」

引拔的目

線端放在
編織方向

1 編織8目鎖針，線端轉向右
側，依箭頭指示，挑第1目鎖
針外側的半目，引拔。

8目鎖針

2 用8目鎖針做環，線端放在進
行方向的左側，用第1段加以
編織包覆。

第1段

在環中編織24目長針

3目豎立用鎖針

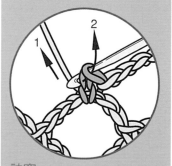

Point

訣竅

為了縮短網編短針的針腳，要
牢牢拉緊鎖針編織。而為了把
目拉緊，則別一次引拔，應以
暫停一下下的感覺，分2次引
拔為宜。
❶ 從針尖只引拔1條線時，要
豎起左手的食指，拉線。
❷ 接著，再拉出剩餘的圈。

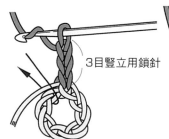

1 編織3目鎖針當作長針的
豎立針，接著編織長針。
針掛線，從前側插入環
中。

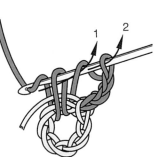

2 掛線，拉出2目鎖針份量
（長針高度的2／3）的
線。接著掛線，以1、2的
順序，各從2圈拉出線。

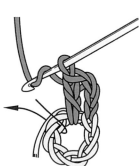

3 編織1目長針，加上豎立用
鎖針，共編織2目的情形。
接著是編織長針。

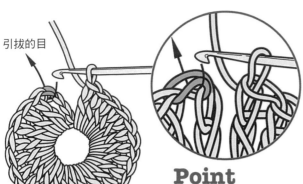

引拔的目

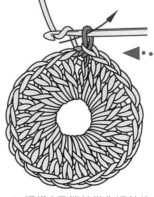

Point

從前側把針插入「鎖針正面的八字形2條線和裡山之間」。

4 織好第1段的24目長針。在最初的豎立用鎖針第3目上做引拔進行終點編織。

編織「1目短針、6目鎖針」的網編

1 編織1目鎖針當作短針的豎立針。

Point

短針是在編織豎立用鎖針的同一處，進行挑針。

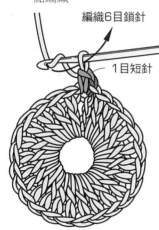

編織6目鎖針

1目短針

2 編織1目短針之後，接著編織6目鎖針。

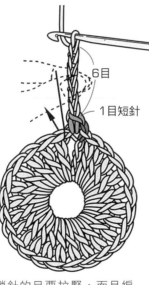

6目

1目短針

3 鎖針的目要拉緊，而且編織步調要一致。編織長條的鎖針時，要拉直鎖針，織目才會穩定。

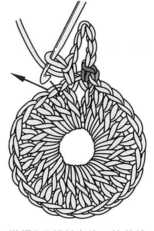

4 織好6目鎖針之後，接著挑前段第2目的長針頭部（鎖針的八字形2條線），編織短針。這個「1目短針、6目鎖針」即形成網編的一山。

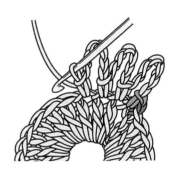

5 在第1段全部的長針針目上，編織網編。

為了移到下一段，要在網編的中央保留目

因一目長針的高度等於3目鎖針，故把6目鎖針改換成「3目鎖針＋1目長針」來編織

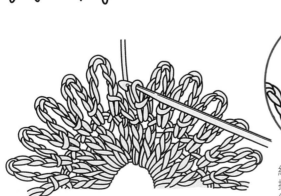

1 反覆編織23次全部完成後，最後1山改換編織3目鎖針和1目長針。

Point

3目鎖針

編織3目鎖針之後，針掛線，依箭頭指示，在編織起點的短針頭部（鎖針的八字形2條線）入針，編織長針。

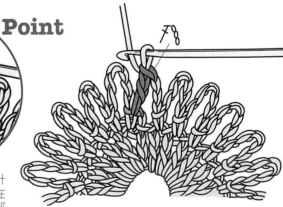

2 織好「3目鎖針＋1目長針」的1山，最後的目保留在網編的中央，繼續編織下一段。

第3段

短針是把針插入網編的空間，整束挑起拉緊進行編織。

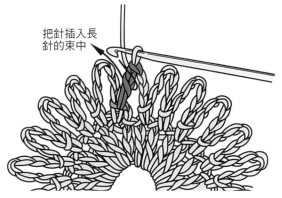

把針插入長針的束中

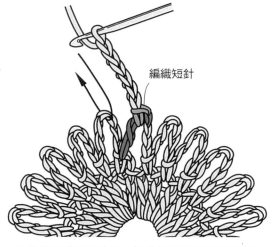

編織短針

1 為了讓織片的模樣和其他的短針搭配得當，不編織豎立用鎖針，直接挑長針腳部的束，編織短針。

2 接著編織6目鎖針，把針插入下個網編的空間，整束挑起，編織短針。

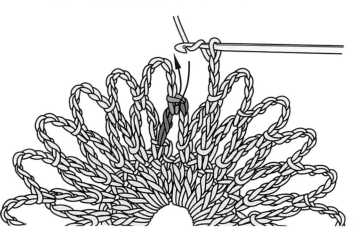

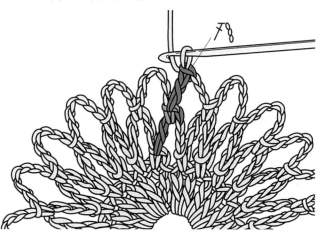

3 用相同方法反覆操作，最後1山的編織改換成3目鎖針和1目長針。亦即編織3目鎖針之後，挑編織起點的短針頭部（鎖針的八字形2條線），編織長針。

4 織好第3段。下一段也用同要領進行。豎立的位置會跳過半山，移動到和進行方向相反的後側，亦即右側。

Variation

網編的豎立針還有
「A.編織鎖針當作短針豎立針的情形」
「B.不編織短針的情形」

編織鎖針當作短針豎立針的情形

編完3目鎖針和長針後，再編織1目豎立用鎖針，挑長針腳部的束，編織短針。這是最一般的手法。

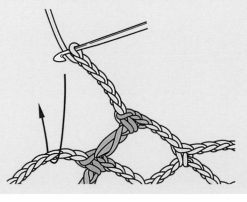

不編織短針的情形

織完3目鎖針和長針之後，接著馬上挑長針腳部的束，編織網編。這是使用粗線時，為避免完成品太厚的手法。

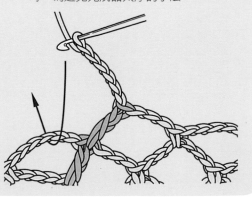

●網編的加針

每隔幾段就增加網編的山數來擴大織片。
練習作品是在第7段上增加12山。

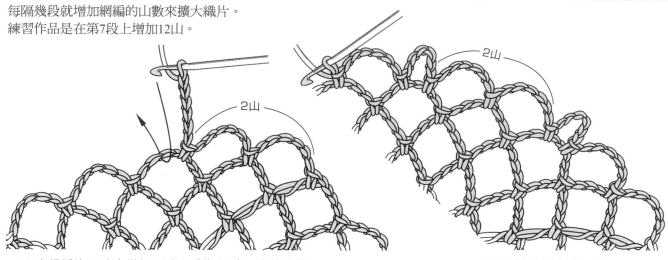

1 在網編的24山上增加12山，成為36山。方法是織好1山後，也在同個網編中編入第2山。

2 邊「每隔2山增加1山」，邊反覆編織。

最後的收線

收線時會產生1目鎖針，故網編的鎖針要少織1目

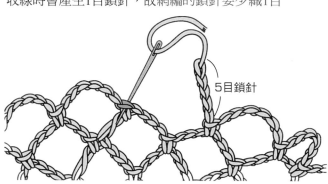

1 因最末段不會移到下一段，故鎖針可編織到最後。少編1目只編5目鎖針，然後引拔掛在針上的最後一目，把此目的圈拉長，線端保留約15cm後剪斷。針穿線，如圖般，把針插入編織起點的短針頭部。

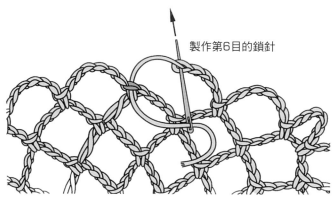

2 線穿過短針的頭部，回到最後的鎖針，把針插入這目的中央。配合1目鎖針的大小，拉線形成1目。

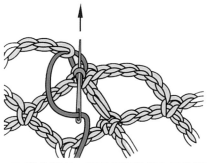

3 織片翻面，從下側把針插入短針裡山的目中。收線時，要挑右圖A的鎖針裡山。

Variation 收線的方法

A 在鎖針的裡山

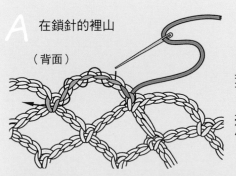

（背面）

依照箭頭脂示，以上下、上下的方式，沿著裡山穿針。線端潛藏在織片，儘量剪短。

B 在豎立的長針上

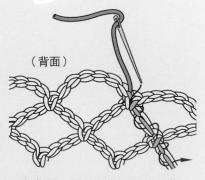

（背面）

在背面，以不影響正面的狀態，挑起豎立長針的腳部，潛藏其中。

Variation

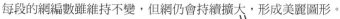

● 不改變網編數，增加鎖針數的方法

隨著織片的擴大，網編上1山的鎖針數也越來越多。
每段的網編數雖維持不變，但網仍會持續擴大，形成美麗圖形。

剪斷

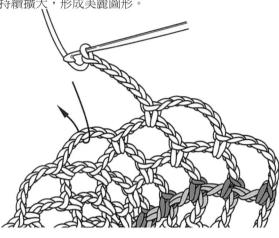

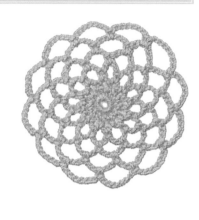

● 決定位置，增加山數的方法 （例：六角形）

不改變鎖針數，但決定位置，在同一山中編織2次短針，如圖般多增加1山。
因每段都在相同位置增加山，故會產生菱角，因而可製作各種形狀。
本圖是六角形，但若在4個地方增加網編數，即會形成四角形。
增加山數的方法（六角形）

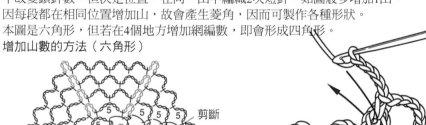

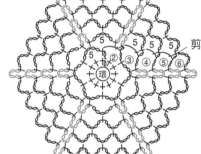

剪斷

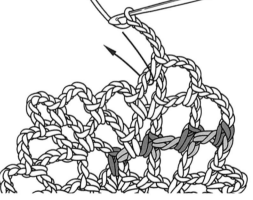

在6處增加網編數的六角形。

● 在網編上，用引拔加以豎立的方法

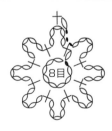

8目

1 回到編織起點的短針頭部（鎖針的八字形2條線）上做引拔，進行終點編織。

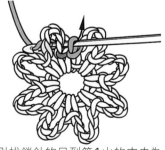

2 引拔鎖針的目到第1山的中央為止，移動豎立針的位置。挑鎖針外側的1條線（參照28頁的Point），反覆進行2次「在1目鎖針引拔1目」的作業。

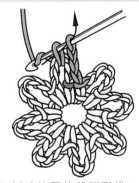

3 以略拉緊的狀態引拔，以移動豎立針位置的狀態，編織下一段。

用網編進行平織的情形

由於網編是每段以山交互重疊而成,故網編的平織會交替成為其編織起點和編織終點是1個完整花樣的段,或只形成半個花樣的段。而且每段要更換正←→反兩面來編織。在此請學會兩端編織目的挑法和編織法。起針數是「1花樣目數的倍數＋1目」

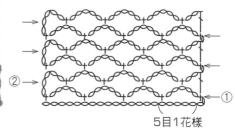

② →

① →

5目1花樣

第1段

網編的起針用針是和織片用針同號數或小1級。

例如(OLYMPUS或EMMY GRANDE時):起針是用2號蕾絲針,織片是用0號蕾絲針編織。

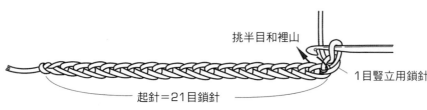

挑半目和裡山

1目豎立用鎖針

起針＝21目鎖針

1 將針換回織片用號數,接著編織1目鎖針當作短針的豎立針。

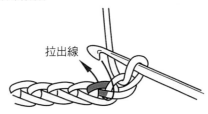

拉出線

2 從掛在針上的目算起第3目(起針的右端)開始編織。依箭頭指示,將針插入鎖針的八字形上側半目和裡山的2條線中,進行挑針。

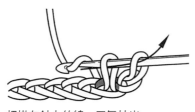

把掛在針上的線一口氣拉出。

3 從前側入針,掛線拉出,再次掛線,2個圈一起拉出。

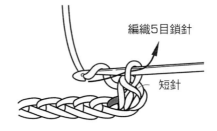

編織5目鎖針

短針

4 編織最初的短針之後,接著編織5目鎖針。

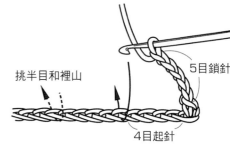

挑半目和裡山

5目鎖針

4目起針

5 依據編織圖,跳過4目起針。

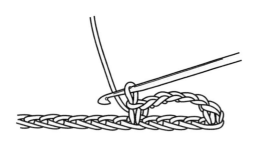

6 以同要領挑針,編織短針。

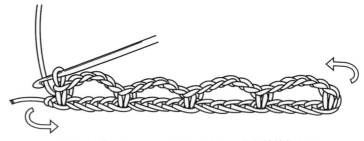

7 從編織起點到編織終點,重覆編織完整的網編4山。把織片的右端向後推,讓左側轉到前側般翻面。

第2段

兩端都是半個花樣的段。

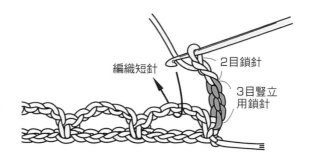

1 第1段的背面變成在前側。織片翻面後,線會在前側。掛線,編織豎立用鎖針。

2 編織3目豎立用鎖針,和半山份網編的2目鎖針。從前側把針插入前段網編的下方空間,整束挑起,編織短針。

3 編織右端的網編半山。

4 同法重覆編織到左端為止。

5 編織終點是編織半山份的2目鎖針,然後針掛線,把針插入前段編織起點的短針頭部(鎖針的八字形2條線)。

6 編織終點側是編織長針,但高度要和編織起點的豎立針相同。然後把織片的左側轉向前側般翻面。

第3段

正面變成在前側

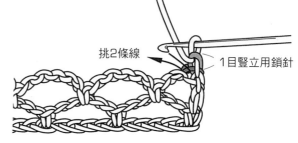

1 織片翻面後,線會在前側。掛線,編織豎立針。

2 編織1目鎖針當作短針的豎立針,挑前段長針的頭部(鎖針的八字形2條線),編織短針。

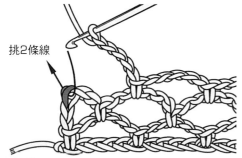

3 在編織終點編織5目鎖針,挑前段豎立用鎖針的第3目外側半目和裡山的2條線,編織短針。

4 第3段和第1段一樣,編織完整的網編4山。以第2段＋第3段的方式,用相同方法重覆進行編織。

A

C

B

作品A～C都是蕾絲
鳳梨編是以長針為基底，再以網編織成山形的部分。一般還會在外側
組合貝殼編。
在此使用粗細不同的3種線來編織同一作品。透過實物大小的刊載，
其差異即能一目了然。尺寸從直徑17.5cm到26cm不等，但各具鳳梨
編的特徵和美感。初學者請先從較粗的線開始編織。

編織法（3件共通）/第46頁

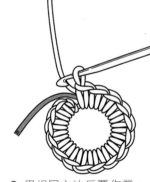

鳳梨編的小飾巾

A ●使用線/HAMANAKA TITI CROCHET　粉紅25g

　●蕾絲針/O號　●完成尺寸/直徑26cm

B ●線/DARUMA SUPIMA蕾絲線#30　白15g

　●蕾絲針/4號　●完成尺寸/直徑22.5cm

C ●線/ DMC CORDONNET SPECIAL #40　米黃10

　●蕾絲針/8號　●完成尺寸/直徑17.5cm

●編織法和重點

依據編織圖的要領，到第15段為止，每段都是看著正面編織圓形。從第16段起，以鳳梨花樣分成8片，且每段都要以正、反、正、反方式翻面，進行平織。

在此會針對8片鳳梨編的其中之一，進行解說編織重點。有關環編起針和第1段的作法，請確認下圖。

▷ = 裝置線
► = 剪斷線

環編起針

參照第16頁的「用線端做環」，進行環編起針。

1 在針上掛線，拉出，編織1目豎立用鎖針，整束挑起，編織短針。

2 用相同方法反覆作業，編織16目的短針（參照第16、17頁）。

網編的短針

網編的鎖針必須鉤織整齊，而且短針必須牢牢地與鎖針束的中央連結編織。為了確實拉緊短針，不使用一次引拔，而以暫停一下下的感覺，分2次引拔。熟悉後就能輕鬆掌握此要訣，有效確實拉緊短針編織。

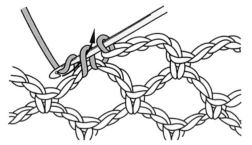

1 針插入束，拉出線，接著把針貼著網編的高峰處掛線，在原本進行一次引拔的地方分2次引拔。亦即從針尖拉出1個圈時，停頓片刻。

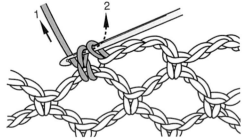

2 豎起左手的食指，拉伸掛在食指上的線，把挑束的圈拉緊，之後再做最後的引拔。編織時必須將短針牢牢編在鎖針的中央。

到第15段為止編織圓形

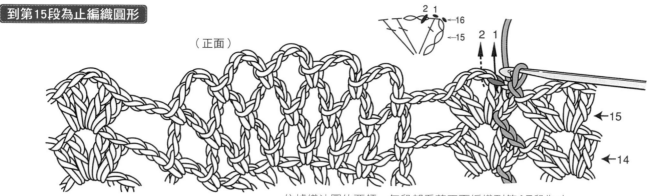

（正面）

←15

←14

依據織法圖的要領，每段都看著正面編織到第15段為止。
第16段也和前段一樣，藉由引拔移動豎立針的位置。

從16段起進行平織

織好1個鳳梨編花樣（到左側的1個貝殼編為止）之後，每段織片都要翻面，進行平織到第22段為止。

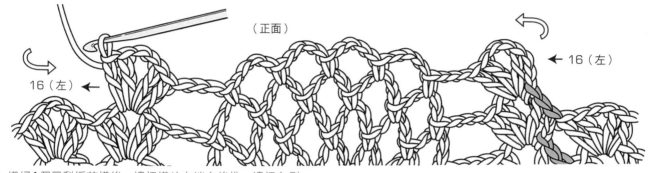

（正面）

← 16（左）

16（左）←

1 織好1個鳳梨編花樣後，邊把織片右端向後推，邊把左側
轉向面前，讓織片翻面。

（背面）

→ 16（左）

2 織片背面變成在前側。織片翻面後，線也會在前側。

第17段

移動編織起點的豎立針位置

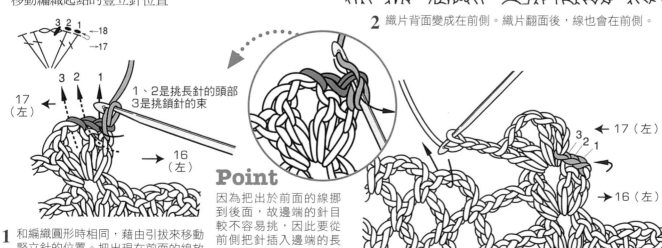

→18
→17

17
（左）

1、2是挑長針的頭部
3是挑鎖針的束

→16
（左）

Point

因為把出於前面的線挪
到後面，故邊端的針目
較不容易挑，因此要從
前側把針插入邊端的長
針頭部（鎖針的八字形
2條線），再依據圖的
要領掛線，拉出。

← 17（左）

→ 16（左）

1 和編織圓形時相同，藉由引拔來移動
豎立針的位置。把出現在前面的線放
到後面，依箭頭指示，以記號1～3
的順序，從邊端的針目起進行引拔。

2 之後，使用相同方法編織到左端為止。

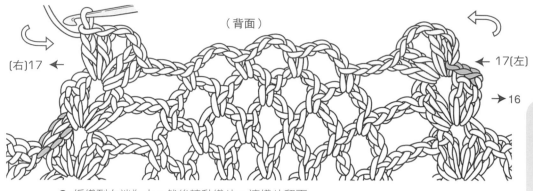

3 編織到左端為止，然後轉動織片，讓織片翻面。

第18段

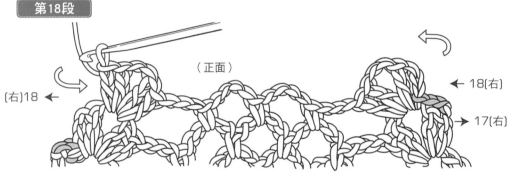

由於一段段地減少網編的山數，所以貝殼編會越來越靠近花樣中央。
編織到左端為止，然後轉動織片，讓織片翻面。

第19段

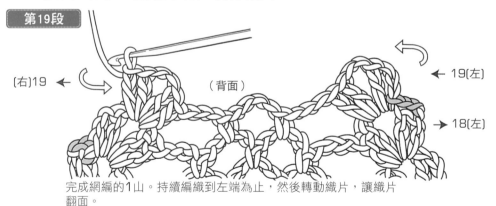

完成網編的1山。持續編織到左端為止，然後轉動織片，讓織片
翻面。

第20段

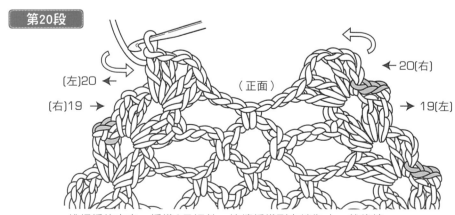

挑網編的中央，編織1目短針，持續編織到左端為止，然後轉
動織片，讓織片翻面。

長長針的鉤織法

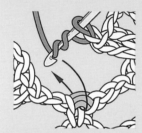

1 在針上捲2次線，參照
第49頁的重點，依箭
頭指示，把針插入短針
的正中央。

2 拉出鎖針2目份高度的
線，針掛線，依箭頭指
示，從針尖算起的2個
圈中拉出。

3 針再次掛線，再從針尖
算起的2個圈中拉出。

4 針再次掛線，一口氣拉
出，完成長長針。（參
照第49頁）

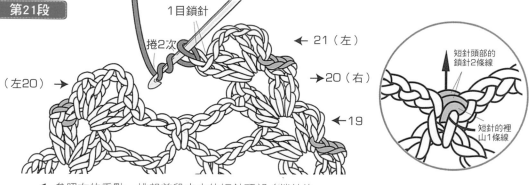

第21段

1目鎖針

捲2次

← 21（左）

（左20）→

→20（右）

←19

Point

短針頭部的鎖針2條線

短針的裡山1條線

長長針是挑起短針頭部（鎖針的八字形2條線）和裡山（1條）此3條線來編織。因前段是短針的背面朝前，故依箭頭指示，從短針的背面入針。由於長長針的腳部不易鬆動，故織片會更穩定。

1 參照右的重點，挑起前段中央的短針頭部（鎖針的八字形2條線）和裡山的3條線，編織長長針。

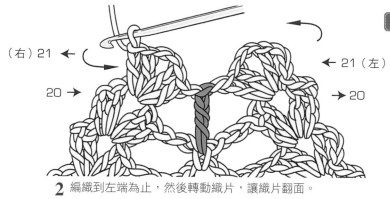

（右）21 ←

20 →

← 21（左）

→ 20

2 編織到左端為止，然後轉動織片，讓織片翻面。

第22段

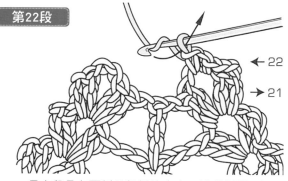

← 22

→ 21

最末段是在兩側貝殼編的中央，連續編織3個引拔結粒針。

Variation

連3針的引拔

連續進行3次3目鎖針的引拔結料針，形成如花瓣一般的裝飾結粒。

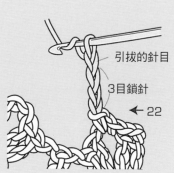

引拔的針目

3目鎖針

← 22

1 包括引拔結粒針的鎖針，共編織4目鎖針。

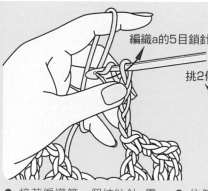

編織a的5目鎖針

2 接著編織第一個結粒針a需要的5目鎖針。

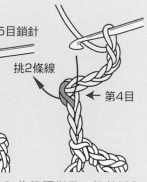

挑2條線

← 第4目

3 依箭頭指示，把針插入第4目鎖針（從掛在針上的目算起第7目）的八字形上側和裡山的2條線中，挑針。

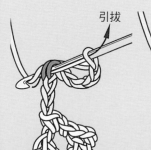

引拔

4 掛線，依箭頭指示，一口氣引拔。

編織b的5目鎖針

a

挑2條線引拔

5 接著，編織b需要的5目鎖針。

a

6 將針從前側插入在a做引拔的那一目上，依據步驟4的要領引拔。

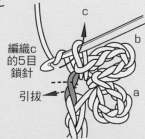

c

編織c的5目鎖針

引拔

b

7 接著編織c需要的5目鎖針，引拔。

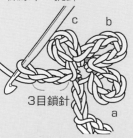

c

b

3目鎖針

a

8 完成連3針的引拔結粒針後，接著再編織3目鎖針。

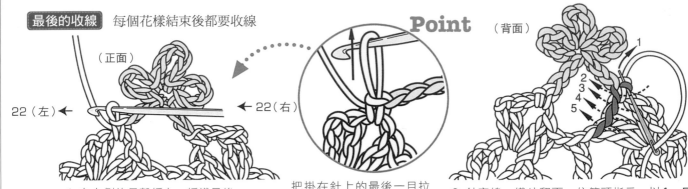

最後的收線　每個花樣結束後都要收線

（正面）

22（左）←　　　←22（右）

Point

（背面）

1 在左側的貝殼編上，編織最後一目的短針。

把掛在針上的最後一目拉長，線端保留約15cm後剪斷。

2 針穿線，織片翻面，依箭頭指示，以1～5的順序，挑起織片收線。

編織下一個鳳梨編花樣

接下來掛上一條新的線，編織左邊的鳳梨花樣。

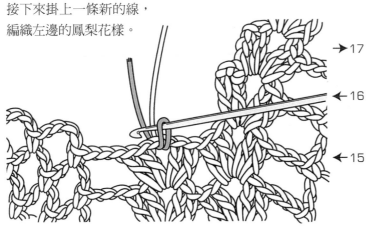

→ 17
← 16
← 15

1 整束挑起鄰邊貝殼編的中央鎖針拉出，裝置新線。

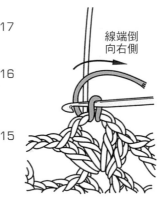

線端倒向右側

2 在貝殼編中當作長針豎立針的鎖針上，邊編織包覆每段的線端，邊收線。

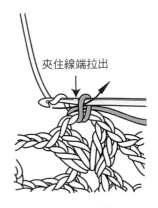

夾住線端拉出

3 夾住倒向右側的線端，拉出。

線端倒向左側

4 線端如被夾在新線的前方般，向左傾倒。

拉出

5 接著又把線端跨到右側，編織第3目的鎖針。

用相同方法反覆進行

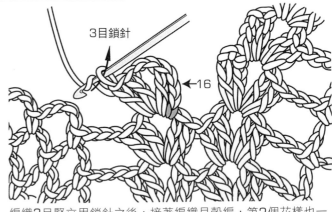

3目鎖針

← 16

← 16

3目豎立用鎖針

6 用3目豎立用的鎖針編織包覆線端後，把線端貼著織片剪斷。

編織3目豎立用鎖針之後，接著編織貝殼編，第2個花樣也一樣編織到第22段。
用新線編織包覆線端（邊收線邊編織鎖針）的方法，是蕾絲編織上不可或缺的收線技巧，也是編出美麗織片的重點。

織成圓形的愛心小飾巾
從中央以放射狀擴大而成。其最大編織魅力在於可使用簡單的織法，在織片上表現各種花樣。
織法圖/54、95頁

〈實物大小〉

方眼編的基礎

● 使用線／OLYMPUS　金票＃40蕾絲線
● 蕾絲針／8號　　　　　　〈實物大小〉

方眼編又稱成「格子編」。基本織法是用長針當柱，用鎖製作格子空間，同時用長針來填補圖案部分的格子。通常1格的縱長（1段長針）會和橫長（1目長針和2目鎖針）等長，形成接近正方形的狀態。在此為了編織美麗的方眼編，並非如之前的作法是挑長針頭部，而是要把針插入長針的中央處，亦即連同長針頭部下方的裡山也要一併挑起。但因挑長針的中心，故長針的腳部會稍微縮短，在方眼編的平衡上，縱長也會比橫長略短一些。

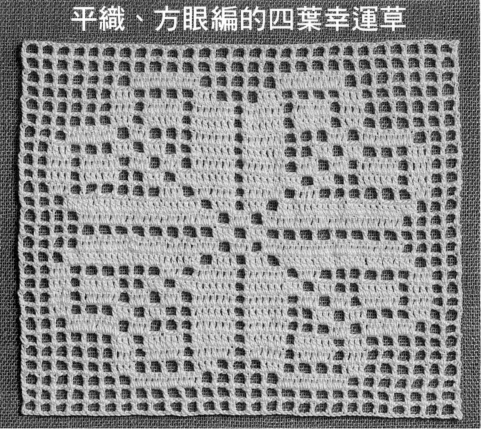

平織、方眼編的四葉幸運草

Point
挑長針中央處
（前段為背面的情形）

針法記號和圖案的看法

方眼編可使用針法記號或圖案的任一種來表現。但表示圖案的符號，被限定使用和針法記號有關的方眼編獨特符號。一般而言，普通的格子使用□，長針填補的格子使用⊠或者■。

方眼編的長針挑法

一般，挑長針的頭部時，只挑其頭部鎖針的八字形2條線，但方眼編若使用此法，會導致長針的頭部靠向右側，完成的方格空間也會歪斜。因此，方眼編必須要挑長針的中央來抑制走向，讓空間保持方正。

花樣編的記號圖

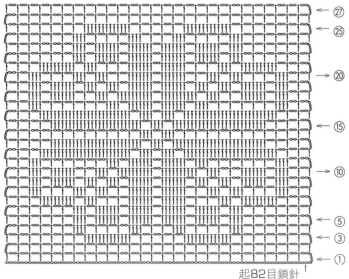

← ㉗
← ㉕
→ ⑳
← ⑮
→ ⑩
← ⑤
← ③
← ①

起82目鎖針

‖‖‖ ＝⊠
┌┐┌┐＝□

花樣編的圖案

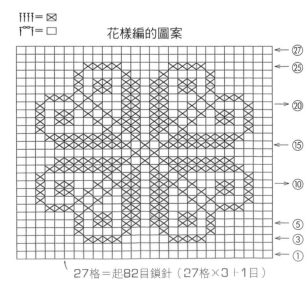

← ㉗
← ㉕
→ ⑳
← ⑮
→ ⑩
← ⑤
← ③
← ①

27格＝起82目鎖針（27格×3＋1目）

 **的織法**

基本上，方眼編的1格是「1目長針和2目鎖針」。

第1段

起針的挑法

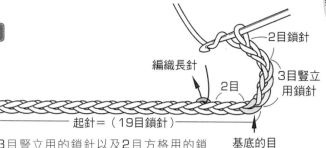

2目鎖針
編織長針
2目
3目豎立用鎖針
基底的目
起針=（19目鎖針）

1 接連編織3目豎立用的鎖針以及2目方格用的鎖針。針掛線，挑從掛在針上的那目算起第10目的鎖針裡山。

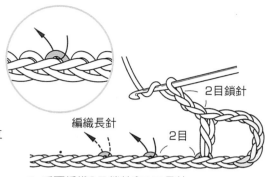

2目鎖針
編織長針
2目

2 反覆編織2目鎖針和1目長針。

第2段

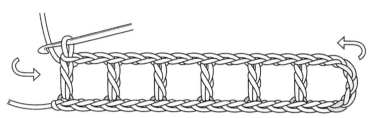

3 把編織到左端的織片，從左側向前轉，讓織片翻面。

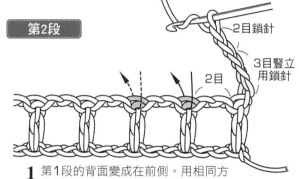

2目鎖針
3目豎立用鎖針
2目

1 第1段的背面變成在前側。用相同方法編織豎立用和方格用的鎖針，然後依箭頭指示，挑前段長針的中央處。

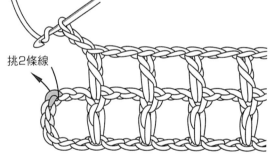

挑2條線

2 左端的最後是依箭頭指示，挑前段豎立用鎖針第3目的裡山，和外側半目此2條線（第1段的豎立用鎖針是朝向背面）。

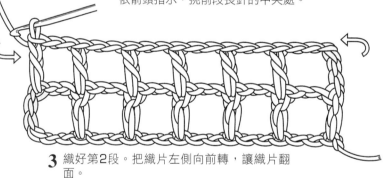

3 織好第2段。把織片左側向前轉，讓織片翻面。

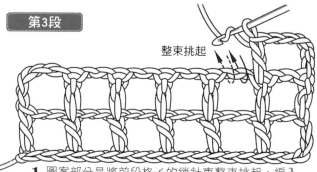

的織法

用長針填補圖案部分的格子

第3段

整束挑起

1 圖案部分是將前段格子的鎖針束整束挑起，編入2目長針，在織片中表現圖案。

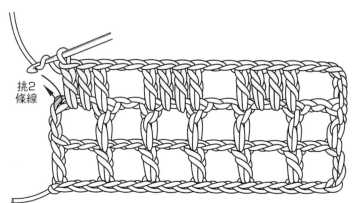

挑2條線

2 左端的最後是挑前段豎立用鎖針第3目的八字形外側半目，和裡山此2條線（從第2段起，前段的鎖針朝向正面）

織成圓形的愛心小飾巾

從中心編織擴大成7等分的放射狀。到24段為止，每段都是看著正面織成圓形，但25～28段則分別做平織，以59頁的要領，藉由兩端的減針織成扇形。

只挑長針頭部〔鎖針的八字形2條線〕

在第6頁的「織目的頭部」項目中已說明過，編織圓形時，因每段都是同方向進行，故目的動向特別明顯。

目只會移動這些

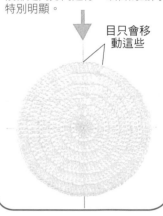

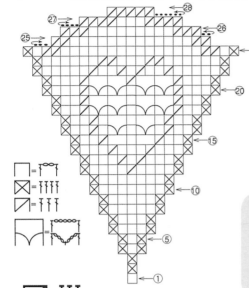

挑長針的中央

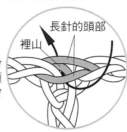

長針的頭部
裡山

Point

每段都看著正面編織時

由於是挑3條線，會牢牢連結長針的頭部，故柱的縱線會整齊豎立在空間。

□=↑↑↑↑
⊠=↑↑↑↑
◤=↑↑↑

編織鏤空圖案的訣竅 **織目調整法**

在方眼編中製作花樣時，為了讓花樣更明確清晰，必須緊縮空間。圖案部分是在編織2目長針的格子中，增加1目來凸顯花樣部分。這種技法是歐洲的傳統技法。

◤=↑↑↑ 的織法（第11～13段）

愛心圖案的周圍是用半格記號（在1格鎖針中編織1目長針）表示。可凸顯圖案的輪廓，並使織片的模樣更加穩定。

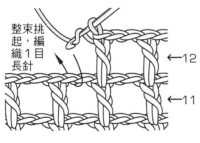
整束挑起，編織1目長針
←12
←11

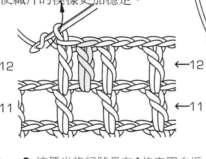
←12
←11

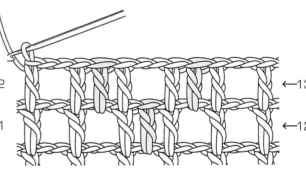
←13
←12

1 把針插入前段2目鎖針的空間中，挑鎖針的束，編織長針。

2 這種半格記號是在1格空間中編織1目長針（此目剛好在愛心圖案的中央）。

3 愛心圖案的半格記號表示在1格鎖針中，只編織1目長針，凸顯圖案部分。

的織法（第15、16段） 第15段是編織2方格份的5目鎖針

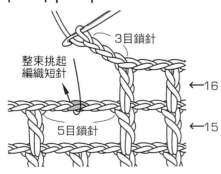
整束挑起編織短針
3目鎖針
←16
5目鎖針
←15

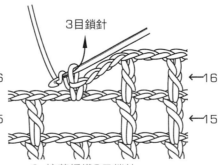
3目鎖針
←16
←15

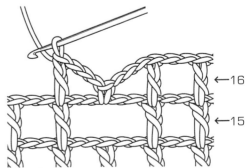
←16
←15

1 編織3目鎖針後，將前段5目鎖針的中心整束挑起，編織短針。

2 接著編織3目鎖針。

3 編織長針，依照圖案Y的方式織好。

Variation
方眼編的加減針

挑前段長針的中央。方眼編是以格子為單位製作形狀的，故加減針也要以格子為單位進行。而且方法會依據是一般方格或填補長針的方格，以及在編織起點或在編織終點而有所差異。請學會正確的方法。

● 在中間增加1格　編織擴大時使用

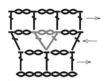

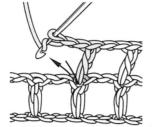

1 在同個長針上，編織1格份的目數。

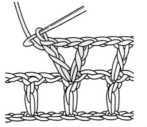

2 以V字形增加1格，此份量會使織片向左右擴大。

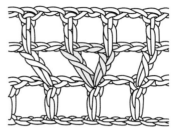

3 在第3段即可形成美麗方格。

● 在兩端各增加1格　持續在前段上用鎖針起針，並在其上編織新方格

方格的針目（編織起點）

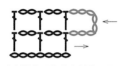

編織起點共編織8目鎖針。

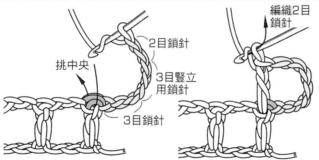

2目鎖針
挑中央
3目豎立用鎖針
3目鎖針

1 織片翻面，持續編織8目鎖針。

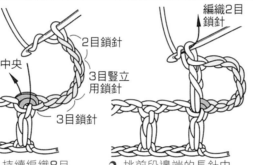

編織2目鎖針

2 挑前段邊端的長針中央，編織長針。

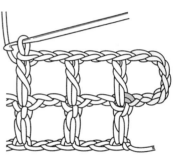

3 完成四角形的格子。持續編織到左端為止。

方格的針目（編織終點）

編織1格份的「2目鎖針和3捲長針」

Point

因左端使用捲的技法，故在與長針相同的腳部，挑出基底的目，而捲針的拉長部分要減少鎖針1目份。

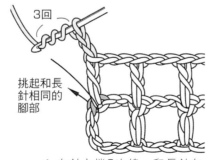

3回
挑起和長針相同的腳部

1 在針上捲3次線，和長針在同一處進行挑針。

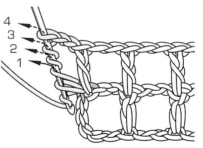

4
3
2
1

2 針上掛線，依箭頭1～4的順序拉出，編織3捲長針。

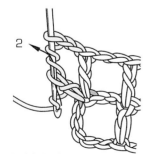

2

3 織到未完成長針為止。針掛線，依箭頭2的要領拉出2個圈。

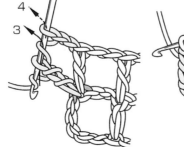

4
3

4 針掛線，依箭頭3的要領，拉出右端針目前的2個圈。

4

5 針掛線，依箭頭4的要領，引拔到最後為止。

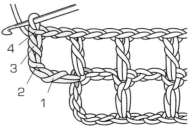

4
3
2
1

6 插圖中的2相當於起針的長針頭部，4相當於左端柱子的長針頭部，變成四角形方格。

用長針填補方格（編織起點）

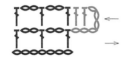

織片翻面，起點共編織6目鎖針。

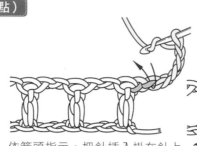
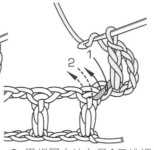
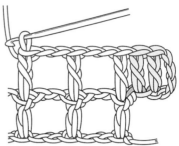

1 依箭頭指示，把針插入掛在針上那目算起，第6目的鎖針裡山中，編織填補方格的長針。

2 用相同方法在另1目挑裡山，編織長針。

3 挑前段邊端長針中央，編織柱的長針，完成四角形的長針方格。

用長針填補方格（編織終點）

一目一目地增加，附基底的長針。配合增加的方格數，反覆編織步驟2～4。

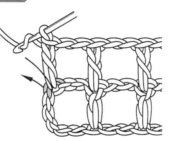

拉出線，依箭頭指示編織1目鎖針。

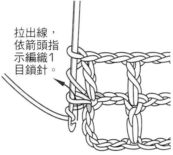

2

1

長針的基底目

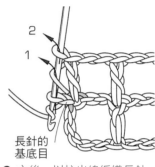

1 編織左端，針掛線，在同一處入針。

2 此鎖針會成為第1目長針的基底。

3 之後，以拉出線編織長針。

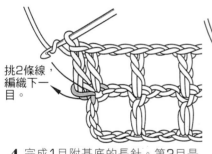

挑2條線，編織下一目。

挑2條線

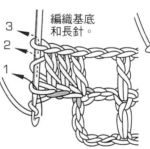

編織基底和長針。

3
2
1

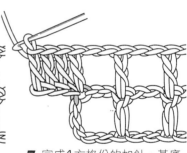

4 完成1目附基底的長針。第2目是挑第1目基底的鎖針前側半目，和裡山（連接第1目長針腳底的圈）此2條線。

5 拉出線，反覆步驟2～4，編織附基底的長針。

6 左端的柱狀長針也用相同方法編織。

7 完成1方格份的加針。基底的目大小要一致。

●在兩端各增加2格　增加2格以上時，使用此法要領反覆編織

方格的目（編織起點）

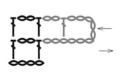

織片翻面，起點共編織11目鎖針。

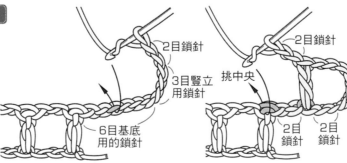

2目鎖針

3目豎立用鎖針

6目基底用的鎖針

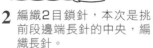

2目鎖針

挑中央

2目鎖針　2目鎖針

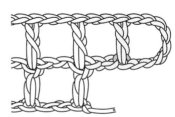

1 挑從掛在針上那目算起第10目的鎖針裡山，編織柱狀的長針。

2 編織2目鎖針，本次是挑前段邊端長針的中央，編織長針。

3 增加2格之後，用相同方法反覆編織到左端為止。

方格的目（編織終點）

和增加格子同要領，織好1格之後，接著編織第2格的「2目鎖針和3捲長針」。

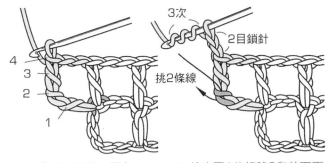

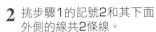

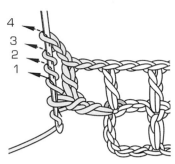

1 參照55頁，增加1格。

2 挑步驟1的記號2和其下面外側的線共2條線。

3 針掛線，依1～4的順序，以一次拉出2個圈的方式，編織3捲長針。

在編織終點裝置別線的方法

裝置新線，編織起針。把針插入前段豎立用鎖針的第3目裡山和外側半目的2條線中，進行挑針。

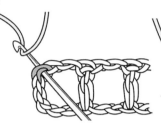

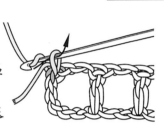

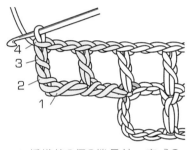

1 把要編織新鎖針的線掛在針上，拉出。

2 用引拔針固定後，編織起針。

4 編織第2個3捲長針，完成2個方格的目。

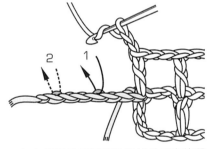

3 編織6目後，再編織1目鎖針，拉長圈，保留約5cm後剪斷線。

4 左端是挑用別鎖做引拔針固定的同一目，挑起鎖針裡山的1條線。

5 完成2個方格的目。

● 在中間減少1格 　減少1格時使用的方法

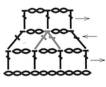

Point

完成2條方眼編的柱形長針2針併為1針。

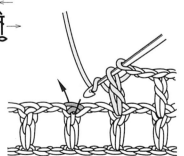

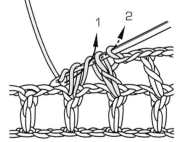

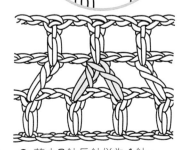

1 以未完成的長針掛在針上，編織鄰邊的長針。

2 用相同方法編織到箭頭1的未完成長針為止。依箭頭2的要領，從2目未完成長針的頭部，一口氣引拔而出。

3 藉由2針長針併為1針，減少1格。

●在兩端各減少1格

起點用引拔針減少，終點則選擇適合織片的方法減少。

終點的引拔針是從格子邊端的目引拔，故本作品的階梯狀轉角可形成美麗直角。

方格的目（編織起點）

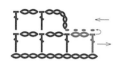
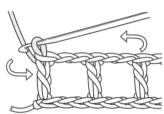

挑長針的頭部

引拔，拉出線

1 編織到1段末端後，織片翻面。

2 不理會出現在前側的線，把針插入邊端長針的頭部（鎖針的八字形2條線）。

3 把線跨到後側，針掛線引拔。

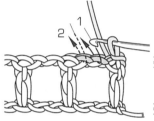
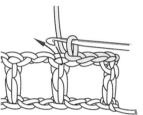

用長針填補格子的情形

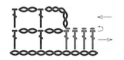

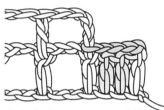

4 鎖針的引拔方式，是把針插入鎖針正面的八字形2條線中，掛線引拔。

5 針對長針的引拔則要挑中央引拔。

6 減少格數後，用3目鎖針當作豎立針。

和方格的目同要領，從邊端針目引拔長針頭部（鎖針的八字形2條線）。

方格的目（編織終點）

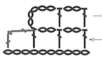

由於下段的起點位置改變，故要在減少方格那段的前一段操作。

Point

在步驟3的記號1處，編織1目轉角的鎖針，讓高度確實呈現（完成頭部）。

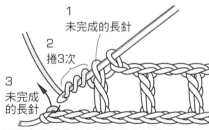
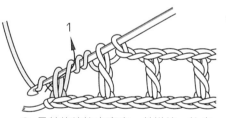
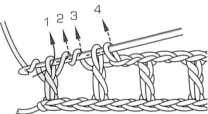

未完成的長針

2 捲3次

3 未完成的長針

編織5目鎖針

2目鎖針

3目豎立用鎖針

1 用未完成的長針當作前格的柱子，線捲3次，挑左端鎖針的裡山。

2 長針的線拉出高度，針掛線，拉出2個圈。

3 把未完成的長針在箭頭1處編織1目鎖針，然後拉出2、3，最後則連同4的長針頭部一起拉出。

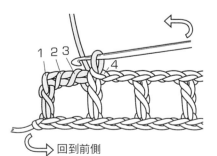
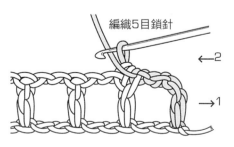
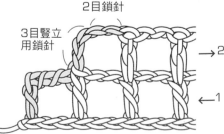

回到前側

4 把在針上捲3次線的捲長針，編織成前1格的柱狀長針和2針併為1針的狀態，這時編織起點的位置變成在1格內側。

5 在第1段完成第2段的減針。織片翻面，從減少1格處起編織第2段。

6 端邊以階梯狀分別減少1格，以此方式編織第2段。

編織終點是保留針，編織起點是引拔針 雖然要減少幾格都可以，但引拔部分會稍微變粗。

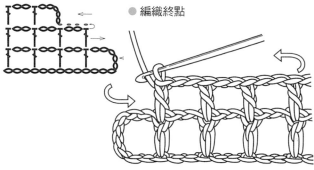

● 編織終點

第2段編織到最後1格前的柱狀長針為止，然後把織片翻面。

● 編織起點

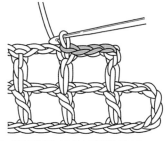

1 從邊端的長針頭部做引拔，減少1格，改變第3段的編織起點位置。

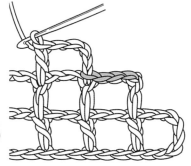

2 先編織第3段的豎立用和方格用鎖針共5目，然後用相同方法持續編織。

長針的方格（編織終點）

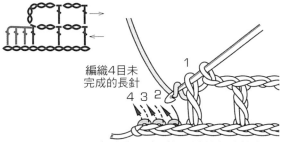

編織4目未完成的長針

1 左端的最後1格，以針上掛著未完成長針的狀態，直接繼續編織3目未完成的長針。

邊引拔邊回復位置

2 把4目未完成的長針並排，在右方內側的記號1上編織1目鎖針，並以步驟2～4的要領，以每次2個圈的方式，邊拉出邊回復位置。

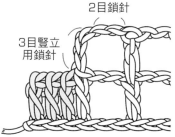

2目鎖針

3目豎立用鎖針

3 減少格數，第2段的豎立針移到1格內側。

● 在編織終點各減少2格 在想減少格子那段的前1段之編織終點進行操作

方格的目

捲3次 捲3次的未完成長針

1 在第2段的起點處，編織未完成的長針，反覆編織「捲3次的未完成長針」。

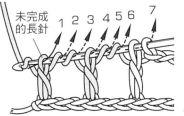

未完成的長針 1 2 3 4 5 6 7

2 在記號1處編織1目鎖針，而記號2～7則是邊掛線拉出，邊回復到右側。

1 2 3 4 5 6 7

3 記號7～1是藉由步驟2的1～7，邊回復邊引拔而成的目。注意各方格的高度要一致。

長針的方格 在第1段的編織終點減少2格，直到第2段的豎立針位置

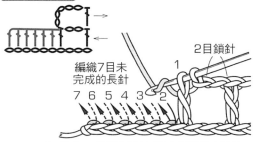

編織7目未完成的長針

2目鎖針

1 首先，從第2段的起點處記號1開始，編織未完成的長針到記號7為止。

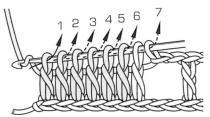

1 2 3 4 5 6 7

2 接著在記號1處編織1目鎖針，而記號2～7為止則是邊掛線拉出，邊回復到右側。

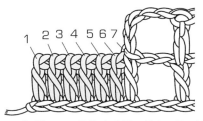

1 2 3 4 5 6 7

3 記號7～1是藉由步驟2的1～7，邊回復邊引拔而成的目。編織時要整理角度，讓各目的高度整齊一致。

野玫瑰和樹果的項鍊

Irish Crochet Lace是誕生於愛爾蘭的鉤針編織蕾絲。

織成二層或三層的花時,花瓣即會呈現美麗的立體感。

在此是用鎖針做橋梁來編織野玫瑰。

圖樣雖是應用花、葉和樹果等自然植物的形狀,但形狀能多樣性地加以變化。

〈實物大小〉

練習作品的織法

第60頁的「野玫瑰和樹果的項鍊」是用＃40蕾絲線編織的，但在此為了方便初學者作業，故採用較粗的線。
以下解說野玫瑰B、波紋編葉子A和短針（下針）樹果的織法。

野玫瑰A、B、C

● 線／OLYMPUS EMMY GRANDE
● 蕾絲針／2號

A ❶～❷　　B ❶～❹　　C ❶～❻　　〈實物大小〉

:: **Point**

● 野玫瑰B的織法

第1段　環編起針是參照第16頁。

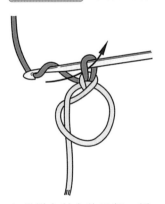 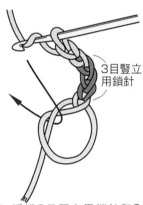 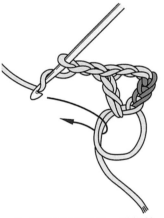 

3目豎立用鎖針

1 從掛在針上的目起，編織豎立用鎖針。

2 編織3目豎立用鎖針和2目鎖針，挑環的束編織長針。

3 接著編織第1段，織好第1段後，拉線端，束緊起針的環。

4 編織終點是把針插入最初的豎立用鎖針第3目，引拔此目。

第2段
花瓣是挑基底的鎖針束編織。

短針

1目豎立用鎖針

5 織好第1段。並把這一段當作花瓣的基底。

1 編織1目鎖針，當作短針的豎立針。

2 在前段鎖針的空間（束）中，編織1目短針。接著針掛線，把針再度插入前段鎖針的空間（束）中。

野玫瑰B

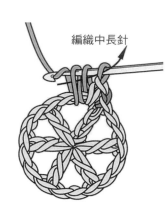

編織中長針

長針
1　2

3 掛線，拉出鎖針2目份高度的線，再掛線，把3個圈一次拉出，編織中長針。

4 編織長針。和3用相同方法拉出線，然後掛線，依箭頭1、2的順序，以每次2個圈的方式，逐一拉出。

5 織好1目長針。接著再編織2目長針。

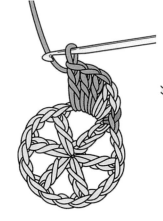

6 共織好3目位於花瓣中央的最高長針。

7 接著依序再編織中長針、長針，織好1片花瓣。

8 第2片花瓣，也如同步驟2～7編織。

9 這是編織到花瓣中央的情形。並持續織好6片花瓣。

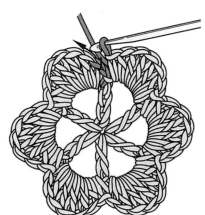

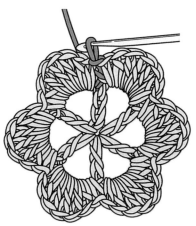

10 編織終點是在編織起點的短針頭部（鎖針的八字形2條線）做引拔。

11 完成第2段。

● 第3段、橋梁（5目鎖針）的短針挑法

（背面）

雖是從正面看著背面挑起，但為了方便理解，這裡是從背面說明。進行挑針的位置是，左右兩花瓣的短針腳部的各外側半份＝前段長針頭部兩側的八字形2條線（圖上深橘色的部分）。如此一來，短針會被固定，才能編織穩定美麗的花瓣。

第3段

編織第4段花瓣用的
基底（橋梁）

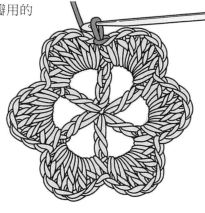

1 短針是從正面編織。但要把
花瓣向前彎，讓背面被挑的
位置朝向面前。

Point

最初的短針的入針位置，因短針
外側腳部的1條線在內側，故要
依箭頭指示，挑其鄰邊的腳。

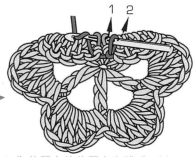

2 為使豎立的位置有立體感，避
免把短針拉到後面，不編織豎
立用鎖針，直接從引拔的目編
織短針。

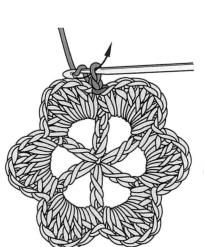

3 編織短針，接著編織
做橋梁的5目鎖針。

4 編織下個短針，把
橋梁形成1山。

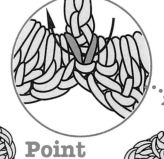

Point

挑位於前段長針
頭部的兩側，形
成八字形的部分
（圖上深橘色的
部分）。

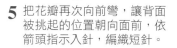

5 把花瓣再次向前彎，讓背面
被挑起的位置朝向面前，依
箭頭指示入針，編織短針。

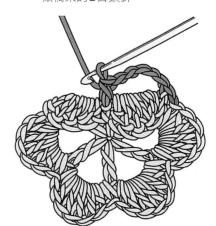

6 再編織短針，接著和步
驟5一樣反覆操作。

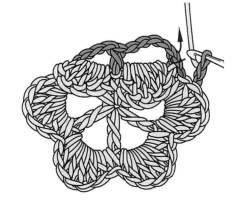

7 終點是在起點的短針頭部（鎖
針的八字形2條線）做引拔。

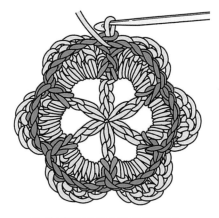

8 完成編織第4段用的基底
（橋梁），共有6山（從
背面看的情形）。

第4段 第二層花瓣要編織大一些。

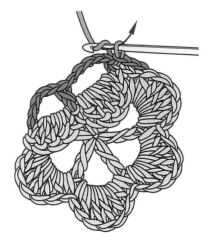

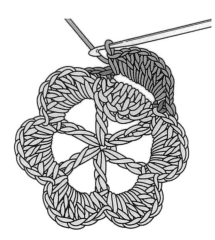

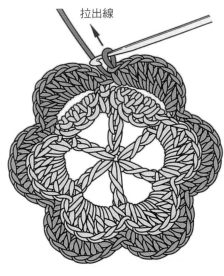

拉出線

1 編織1目豎立用鎖針，接著編織第1片花瓣。雖是從正面編織，但要把花瓣彎折到前面才容易編織。

2 反覆編織完成6片花瓣。

3 織完一周的情形。若要編織野玫瑰C，則和野玫瑰B同要領編織第5、6段。

● 編織終點的收線

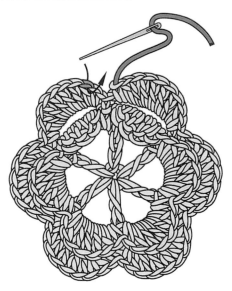

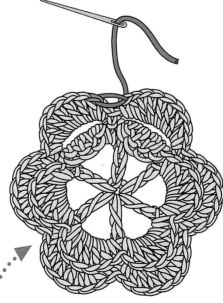

1 拉最後一目，把圈拉大，線端約保留10cm後剪斷，把線穿在針上。

2 第4段的編織起點，是從後側挑第2目的中長針頭部（鎖針的八字形2條線）。拉線，再把針插回第4段最後的短針中央。

3 拉出鎖針1目份大小的線。以下圖的重點要領，把鎖針重疊在第4段編織起點的短針上，漂亮地連接鎖針。線端出於背面，收線。

Point

波紋編的葉子

樹葉圖樣是用短針的波紋編織成的。每段都要正、反翻面，挑短針頭部（鎖針的八字形2條線）的後側半目。

豎立部分是用波紋編編織到邊端，產生稜角。

● 線／OLYMPUS EMMY GRANDE
● 蕾絲針／2號

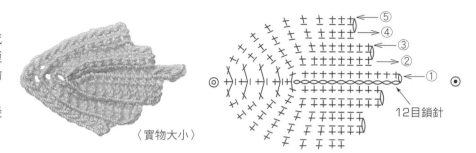

〈實物大小〉

⑤
④
③
②
①

12目鎖針

起針

起針使用粗2號的蕾絲針，參照第9頁，編織鎖針。

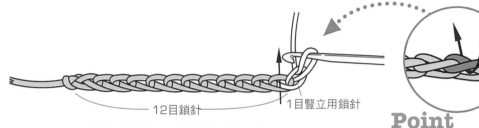

12目鎖針

1目豎立用鎖針

編織12目鎖針，接著編織1目豎立用鎖針。

Point

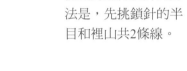

從起針進行挑針的方法是，先挑鎖針的半目和裡山共2條線。

第1段

為了用短針沿著起針的鎖針繞一圈，上下編織，故要從鎖針的左右挑起。對準記號圖和插圖上的記號（◎、⊙），確認目前編織到那裡。

1 以重點提示的要領入針，針上掛線，拉出。

2 針掛線，把2個圈一起拉出。

3 已織好葉尖⊙記號的短針。再依箭頭指示，把針插入下個鎖針的半目和裡山共2條線中，編織短針。

4 繼續編織短針。

5 ◎記號部分是表示要編織到起針開始的第1目為止。

Point

3
2
1

邊把織片轉到進行方向，邊在同一目上編織3目短針。

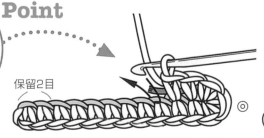

保留2目

6 在同一目上又編織2目短針，當作轉角，形成加針狀態。

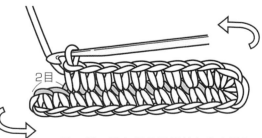

2目

7 另一側，是在起針用鎖針上八字形2條線外的1條線上，進行挑針，邊包覆編織起點的線端，邊編織。

第2段

看著背面編織。豎立部分是用波紋編編織到邊端為止。

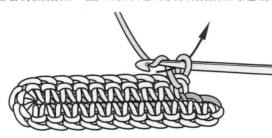

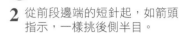

Point

這是從反側（正面）看的情形。實際上是看著背面，依箭頭指示，挑短針頭部的後側半目。

1 織片翻面時，線變成在前側。依圖的要領，編織1目豎立用鎖針。

2 從前段邊端的短針起，如箭頭指示，一樣挑後側半目。

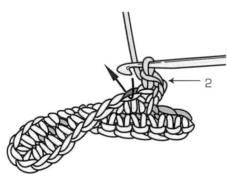

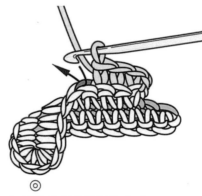

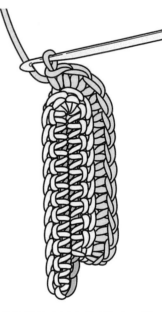

3 1目邊端的波紋編編織完成。第2目也一樣挑後側的半目。

4 以挑後側的半目的方式，到◎的記號為止，逐一在前段短針上挑針編織。

5 ◎記號是表示在第1段中，同一目編入3目短針的中央那目。挑此目後側的半目，再編入3目短針。

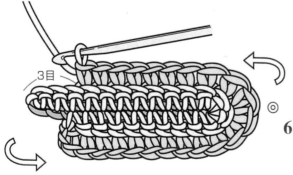

6 保留3目，織片從左側轉向面前，加以翻面。

第3段

織片翻面，看著正面編織

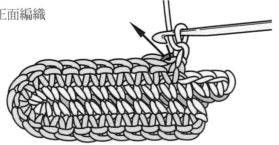

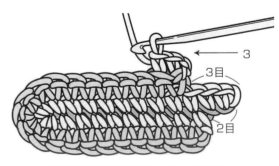

1 編織1目豎立用鎖針，挑後側半目，從端目起編織波紋編。

2 同樣以挑後側半目的方式，在前段的短針上逐一挑針編織。

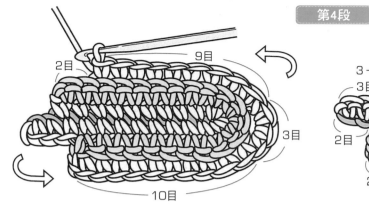

第4段

9目

2目

3目

10目

3 在◎記號處編入3目，之後的編織方法亦相同。保留
2目，織片從左側轉向面前，加以翻面。

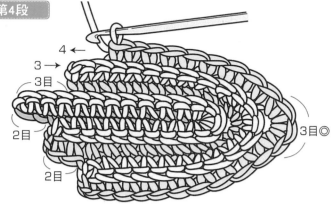

4 ←

3 →

3目

2目

2目

3目◎

看著背面編織。在◎記號處編入3目加針。保留2目，
織完第4段。

第5段

← 5
→
← 3
→
← 1

◎

織片翻面，看著正面編織。在◎記號處編入3目加針。
保留2目，織完第5段。

（背面）　9目

3目◎

10目

2 在背面收線。潛藏在第5段的短針腳部的
織片中，剪斷。

完成編織終點

9目

3目

10目

1 拉最後一目，把圈拉長，
線端約保留10cm後剪斷，
把線穿在針上。

● 完成

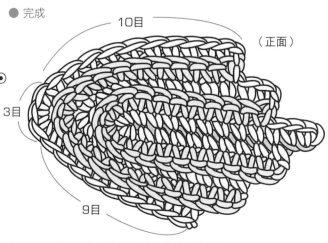

10目

（正面）

3目

9目

◎

從正面看的情形。形成波紋狀的立體圖樣。

67

短針（上針）的樹果

在作品中栩栩如生的樹果，短針不需要豎立針，直接繞圈般織成圓形。球形編織看著正面進行編織時，短針的上針自然會呈現在外側，且可直接當正面使用。

● 線／OLYMPUS EMMY GRANDE
● 蕾絲針／2號

〈實物大小〉

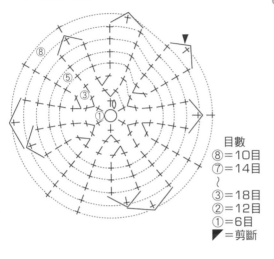

目數
⑧＝10目
⑦＝14目
～
③＝18目
②＝12目
①＝6目
▼＝剪斷

第1段

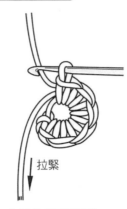

拉緊

參照第17頁做環編起針，接著編織6目短針。

第2段

短針不需要豎立針，如追逐般旋轉繞圈地編織成球形。

1 依箭頭指示，把針插入第1段第1目的短針頭部（鎖針的八字形2條線）。

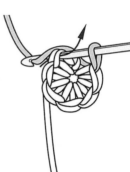

2 以此狀態掛線，拉出下個短針的目。

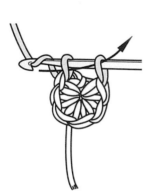

3 把剩餘在針上的2個圈一口氣拉出，編織短針。以此方式編織從第1段連接第2段時的短針。

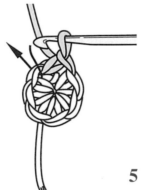

4 接著，同處再編織1目短針。

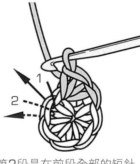

5 第2段是在前段全部的短針上，逐一編入針目，故共加針6目，擴大織片。

第3段

第3段是編織18目。亦即每隔1目就編入2目，共加針6目。

第4段

為了編織成球狀，本段不加針，編織和第3段相同的18目。

第5段

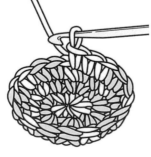

織好18目的情形。由於從第4段起不加針，故織片會逐漸呈現外側浮高，內側凹陷的狀態。

裝置段數記號線的方法

因為是旋轉般持續編織，故不容易計算段數。但若裝置記號線，掌握段數就很容易。

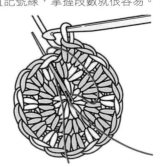

1 把顏色鮮明的細線穿在針上，在每次換段的地方，從前側往後側，挑短針的頭部，跨過上方。

2 那麼換段處就容易分辨，也可當作加減針的基準。

6段

編織18目。圓球會豎立起來，導致後側的上針看似正面。樹果是直接把上針使用在正面，故編織時，是看著呈現在正面的內側編織。

第7段

為了縮口成球狀，從此段起開始減針（2針短針併為1針）。

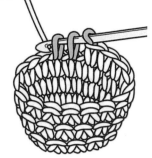

1 編織2目未完成的短針（依據第68頁第2段步驟3的要領，只從前段短針頭部拉出線的狀態）。

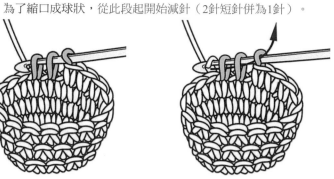

2 針掛線，依箭頭指示，把掛在針上的3個圈一起引拔。

Point

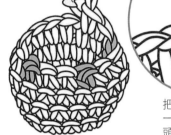

把2目未完成的短針一起引拔，故短針的頭部從2個變成1個，形成2針併為1針的減針狀態。亦即減針1目。

3 以編織「2目短針、1次2針併為1針」的方式，反覆進行4次，共減針4目，本段成為14目。

芯的作法

要放入樹果中的芯，要用和樹果同色的毛線來製作。把線捲在粗棒針上，配合樹果的大小做成球狀。

芯的填充法

從棒針拔出做好的線球，以此狀態塞入中心處。

第8段

1 把芯塞入中心後，再編織1段。和第7段同要領，減針4目，故第8段變成10目。

完成

直接使用穿在針上拉緊的線。項鍊是固定在鎖定的位置。胸花是挑縫在鎖針上，線端潛藏在樹果中央收線。

拉線束緊

1 挑起短針頭部（八字形的鎖針兩條線）外側的一條線，進行終點編織。

2 拉最後一目，把圈拉長，線端約保留20cm後剪斷，穿在針上。

2 將10目全部挑起，拉緊線。

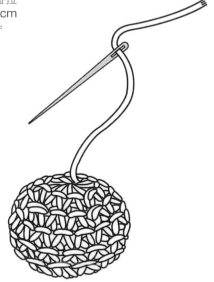

Variation

愛爾蘭蕾絲的胸花

作品的模樣會隨著線的粗細而如此大不
同。如蔓化型的胸花，只要有一朵，即有
強烈的存在感，而且能輕鬆擁有。編織新
手請先從玫瑰B挑戰看看！

A　線／DMC CORDONNET SPECIAL #20　15g
　　蕾絲針／8號
B　線／HAMANAKA TITI CROCHET
　　蕾絲針／0號
C　線／HAMANAKA TITI CROCHET
　　蕾絲針／0號　●編織法／第96頁

〈實物大小〉

野玫瑰和樹果的項鍊

● 第60頁的作品　　　野玫瑰和樹果的項鍊組裝法

在「蕾絲作品的編織法」中已有詳細的解說。現在織出各圖樣必要的片數，
然後組合成項鍊看看！

● 線／OLYMPUS　金票＃40蕾絲線　象牙色10g、
　橙紅色15g、淺玫瑰色少許
● 蕾絲針／8號　十字繡針no.23
● 組裝法
① 編織野玫瑰（橙紅色）：A＝1片　B＝4片　C＝2片，葉
　子（象牙色）：A＝9片　B＝2片，樹果：橙紅色、淺玫
　瑰色＝各2個　象牙色＝各種圖樣1個。
② 野玫瑰A～C，可從一層變化成三層，但編織法都一樣。
③ 葉子B是把葉子A編織4段為止。
④ 線繩是參照90頁編織。編織230cm的線繩時需要準備約
　6.5m長的線，亦即約必要線繩的3倍長。摺三摺，以每
　間隔10cm就加以縫住固定的方式整理。
⑤ 在線繩上固定圖樣。使用圖樣終點所剩餘的線。

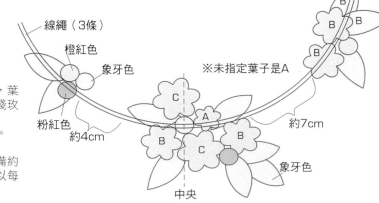

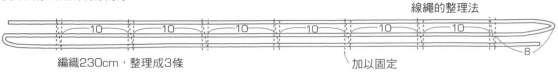

編織230cm，整理成3條　　　　　　　加以固定

蕾絲織帶和蕾絲花邊

2

3

1

4

蕾絲織帶和蕾絲花邊都是用蕾絲編製作的裝飾品。
織帶含有「平織帶」的意味，由於是單獨編織成繩
狀，故寬度可細可寬。
花邊是指「當作邊緣，或裝飾邊緣」的邊飾品。裝
置法分為邊編織邊裝置，以及編織後才裝置兩種。
在此是介紹編織後才裝置的方法。

● 1～4的織法/在93～95頁。　　　〈實物大小〉

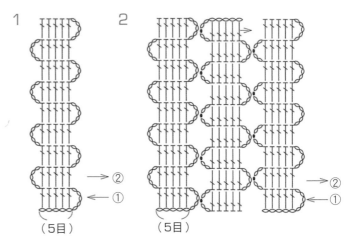

織帶的應用

● 72～74線／OLYMPUS 金票　#40蕾絲線
● 蕾絲針／8號

1

（5目）

2

（5目）

3

（1目）

4

最後繞一周

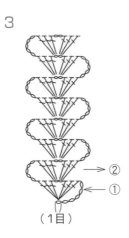

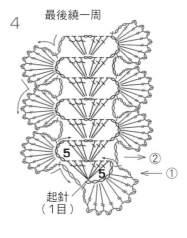

5

起針
（1目）

5

（1目）

6

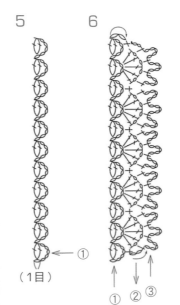

7

（15目）

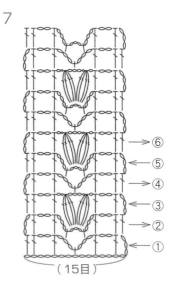

蕾絲織帶和蕾絲花邊

織帶的應用

〈實物大小〉

花邊的應用

1

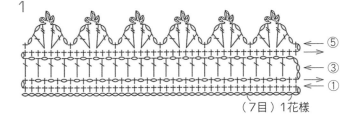

← ⑤
← ③
← ①

（7目）1花樣

2

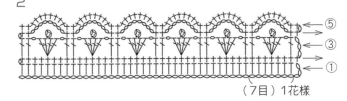

← ⑤
← ③
← ①

（7目）1花樣

3

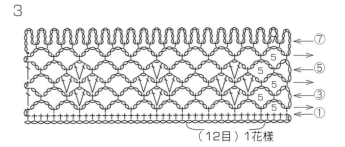

← ⑦
→ ⑤
← ⑤
← ③
← ①

（12目）1花樣

4

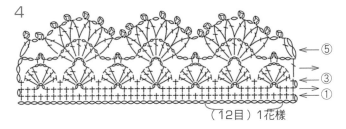

← ⑤
→
← ③
← ①

（12目）1花樣

5

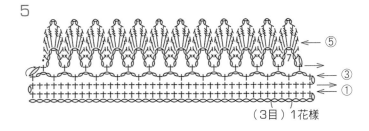

← ⑤
→
← ③
← ①

（3目）1花樣

6

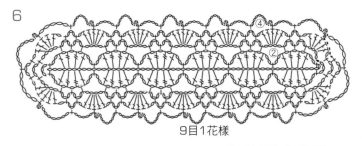

9目1花樣

●7的織法／第93頁

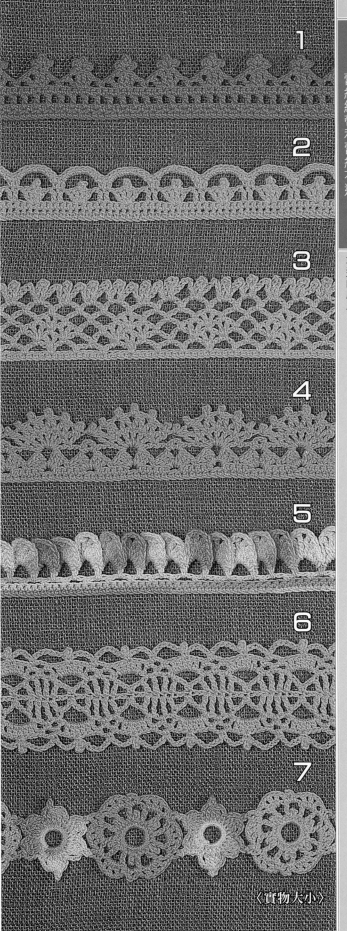

1

2

3

4

5

6

7

〈實物大小〉

這是使用1條線，在不剪斷的情況下持續編織製作的形狀。但「連續編織」這個稱呼，卻讓人有似乎很難學的感覺，其實這種不剪斷線持續進行的編織，反而可以省掉麻煩的收線作業。

連續編織的圖樣

● 2～4的織法分解圖／第92頁

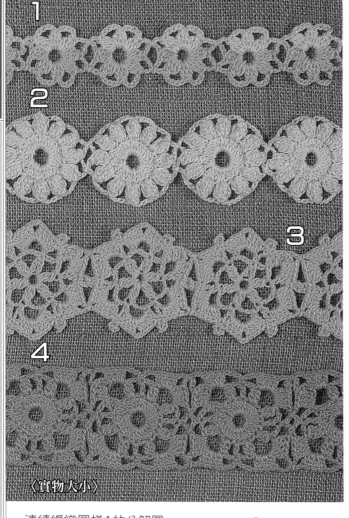

1

2

3

4

〈實物大小〉

2　在第2片結束的情形

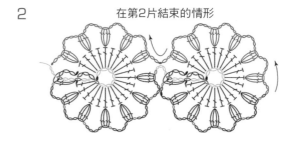

3　編織終點

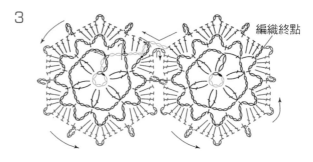

4　在第2片結束的情形

編織終點

1片　　　　2片

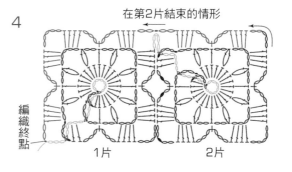

連續編織圖樣1的分解圖

由於是用1條線，在不剪斷的情況下持續接連編織下去，故用比較容易瞭解的分解圖來表現其作業過程。從第1片織到第2片時，是用連續鎖針當作軸加以連接繼續編織。

連續鎖針：當作第1片連接第2片時的軸的連接用鎖針，稱為連續鎖針。包括中心的起針用鎖針和豎立用鎖針。

❶　1片
14目鎖針

❷　往第2片

玉編針拉緊的目

❸　16目鎖針

❹　挑束

❺　整束挑起

❻　編織終點
編織起點

1片　　　　2片

⬭＝挑連續鎖針
前側的1條線

⬬＝挑連續鎖針
後側的1條線

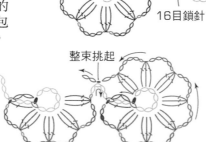

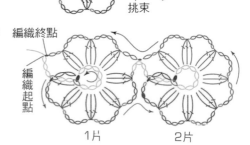

連續編織圖樣1的織法順序

第1片的進行編織（下半部）

起先持續編織需要片數的圖樣下半部分。

1 編織14目的連續鎖針當作軸，挑從掛在針上那目算起第9目鎖針的前側1條線，引拔，做環編起針。

2 編織2目鎖針當作豎立針，把針插入從連續鎖針之最初鎖針算起的第4目後側1條線中，以此狀態針上掛線，然後挑起整束。

3 以針上掛著2目的狀態，編織未完成的長針，針掛線，一口氣引拔。

4 包含軸，編織相當3目長針的玉針，再編織1目鎖針，把此目束緊。

5 接著編織4目鎖針，再編織3目長針的玉針，另用1目鎖針加以束緊（參照第85頁）。

6 用相同方法反覆作業，織完圖樣的下半部。

移到第2片時

以「第1片的進行編織」步驟1的要領，編織連續鎖針當作軸，連接到第2片。

1 編織15目鎖針，挑從掛在針上那目算起第9目鎖針的前側1條線，引拔，做第2片的環編起針。

2 接著以「第1片的進行編織」步驟2～4的要領，編織相當於3目長針的玉針。接著編織1目鎖針，然後別忘記在第1片圖樣的連接位置做引拔（參照第76頁）。

第1片和第2片的返回編織（上半部）

反覆進行「第1片的進行編織」和「移到第2片時」的作業，那麼無論要連接多少片圖樣都行。

1 要編織到在移往第2片時所編織的連續鎖針為止，然後引拔，回到第1片上。

2 最後在連續鎖針的最初1目上做引拔。收線方法是挑鎖針的裡山，潛藏在織片中。

圖樣的連接法

最末段的連結法

圖樣的連接法是蕾絲編織的代表技法之一，因為透過連接或並排，可變化各種模樣。連接法分為在圖樣最末段，邊編織邊連接的方法，以及，織完全部的圖樣後，再逐一連接起來的方法。請依據圖樣的款式來決定使用哪種連接法。

●引拔針（從正面入針的方法）

最常使用，也是最一般的連接法。

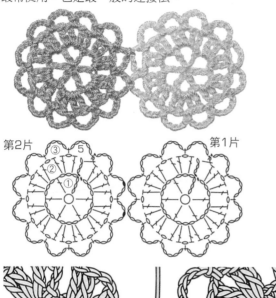

第2片　③　⑤　　　　　　　　　第1片
　　　②
　　　①

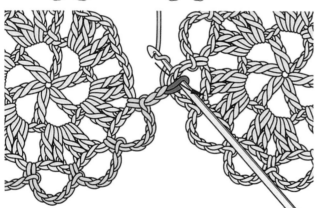

2 挑鎖針的束，針上掛線，用引拔針拉到前面。

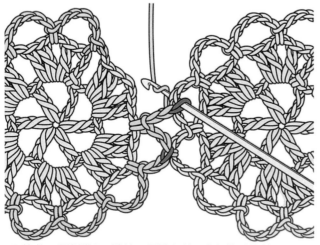

4 接著，再編織2目鎖針，同樣在第1片上做引拔針。

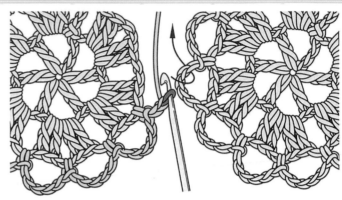

1 編織到第2片圖樣的2目鎖針（為連接位置）。然後依箭頭指示，從上把針插入第1片鎖針束的空間之中。

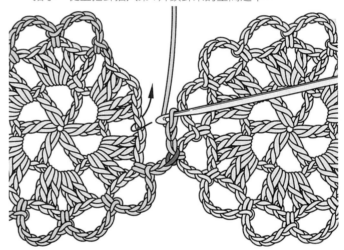

3 用引拔針連接於第1片後，編織2目鎖針，回到第2片的短針位置，編織短針。

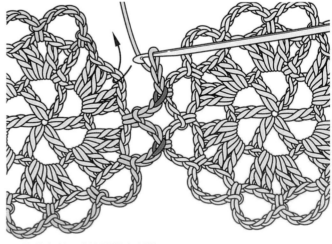

5 接著在第2片的圖樣上編織。

● 引拔針（暫時拿開針，再從正面入針的方法）

因能牢牢連接對方的鎖針，故可固定圖樣。

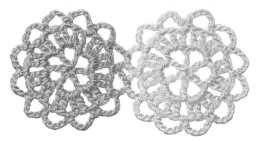

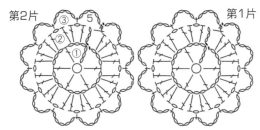

第2片　③　5　　　　第1片

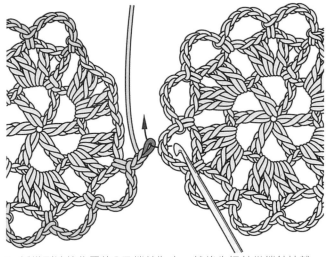

1 編織到連接位置的2目鎖針為止，然後先把針從鎖針抽離，重新依箭頭指示，從上把針插入第1片的鎖針空間。

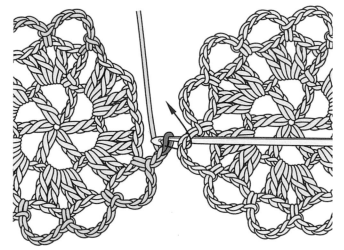

2 從鎖針束的下方，把針插回剛才抽離的那目鎖針中，並拉到前面來。

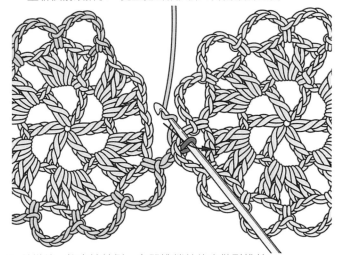

3 針掛線，拉出於前側，亦即挑鎖針的束做引拔針。

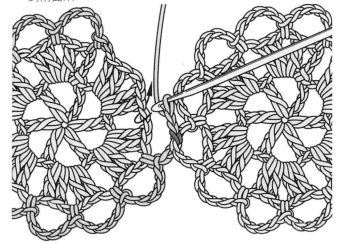

4 連接於第1片之後，編織2目鎖針，回到第2片的短針位置編織短針。

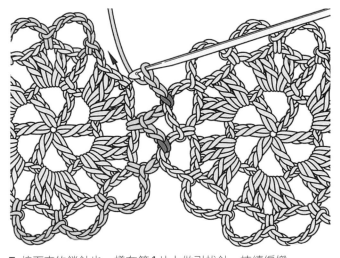

5 接下來的鎖針也一樣在第1片上做引拔針，持續編織。

● 用引拔針（從正面入針的方法）連接4片

連接4片的重點在於角的連接法。連接第3、第4片時，要在第2片做引拔的引拔針腳下的圈進行編織。到第2片為止是依據第76頁的要領，從正面入針，用引拔針連接。

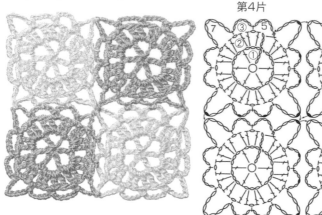

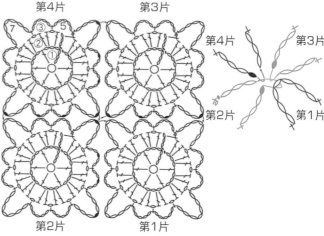

連接第3片

第2片　第1片　第3片

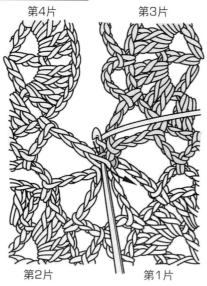

1 在第3片圖樣的連接位置編織3目鎖針，然後依箭頭指示，把針插入在第2片做引拔的引拔針腳下。

2 針掛線，拉到前面，進行引拔針。亦即用引拔連接第1片和第3片。

連接第4片

第4片　第3片　　第4片　第3片　　第4片　第3片

第2片　第1片　　第2片　第1片　　第2片　第1片

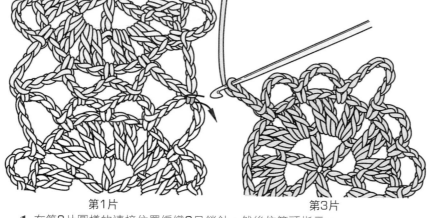
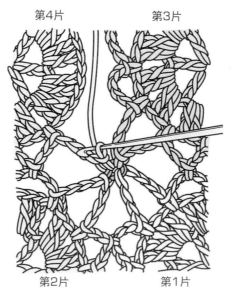

1 在第4片圖樣的連接位置編織3目鎖針，然後如圖般，把針插入在第3片做引拔針的圈中，掛線，拉到面前。

2 引拔後的情形。

3 繼續編織3目鎖針，回到第4片的短針位置編織短針。亦即用引拔針連接第4片和第3片。連接片數增加時，要領相同。

● 用短針連接的方法

由於用短針連接，故連接處會有些凹凸不平，不過十分牢固。
這種方法使用在圈的鎖針是奇數的時候。

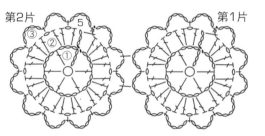

第2片　　　⑤　　　第1片

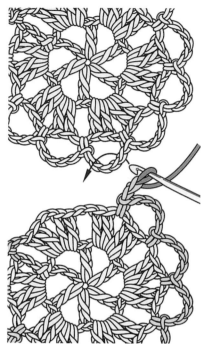

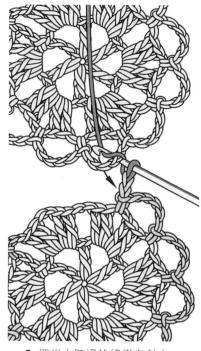

1 編織到連接位置的2目鎖針為止。
依箭頭指示，從下側把針插入第1
片連接位置的鎖針空間。

2 把從上跨過的線掛在針上，
拉出。

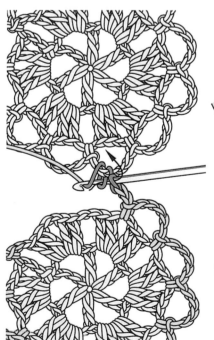

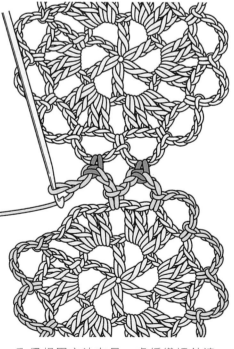

3 針再次掛線拉出，編織短針連接。

4 接著編織2目鎖針，再回到第2片
的短針位置編織短針。

5 用相同方法在另一處編織短針連
接，回到第2片完成圖樣。

●用1目長針連接的方法

在連接的位置，穿入對側圖樣的長針進行編織的方法。

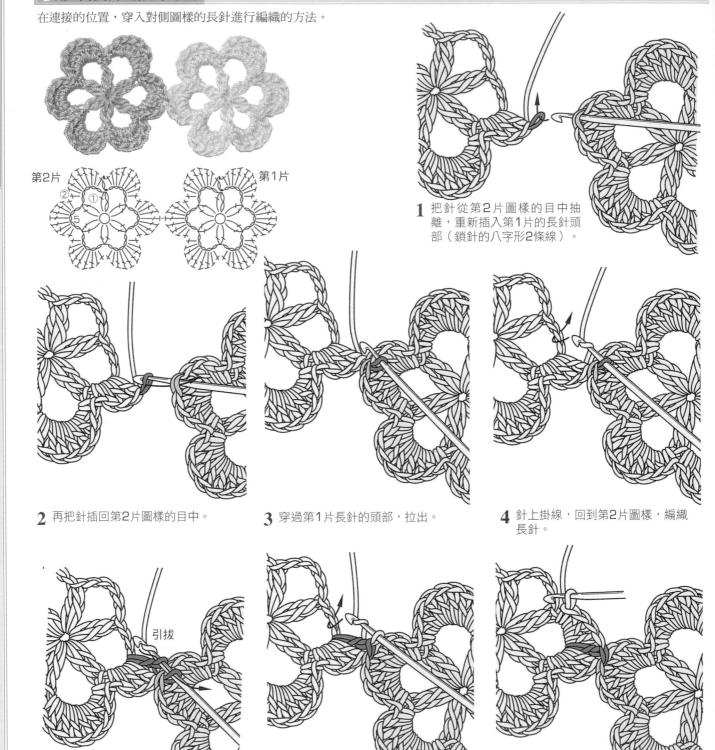

第2片　　　　　　　　　　　　第1片

1 把針從第2片圖樣的目中抽離，重新插入第1片的長針頭部（鎖針的八字形2條線）。

2 再把針插回第2片圖樣的目中。

3 穿過第1片長針的頭部，拉出。

4 針上掛線，回到第2片圖樣，編織長針。

引拔

5 以未完成長針的狀態，在最後引拔線時，一口氣引拔出來，並連接在第1片上。

6 連接之後，編織下個長針。

7 編織剩餘的花瓣。

織好後才連接的方法

● 用捲縫連接的方法（正面朝外相疊，縫合外側的半目）

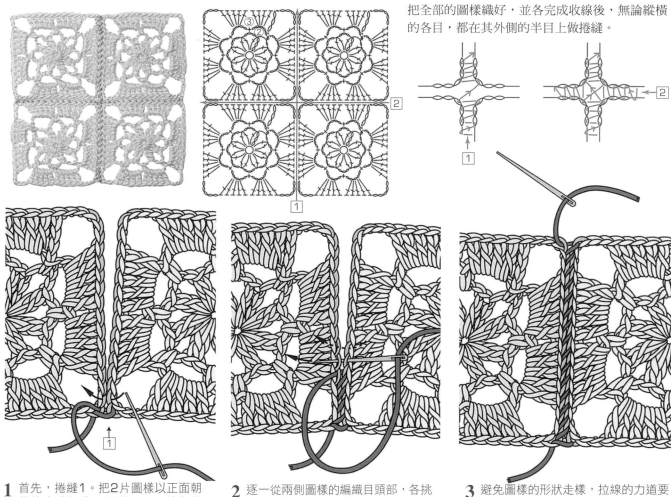

把全部的圖樣織好，並各完成收線後，無論縱橫的各目，都在其外側的半目上做捲縫。

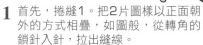

1 首先，捲縫1。把2片圖樣以正面朝外的方式相疊，如圖般，從轉角的鎖針入針，拉出縫線。

2 逐一從兩側圖樣的編織目頭部，各挑其外側的半目加以縫合。

3 避免圖樣的形狀走樣，拉線的力道要一致。把2片連接到角的中央為止。

4 和第2列同要領，把針插入角中央的鎖針上。

5 以順時鐘方向旋轉90度換邊，2也用相同方法縫合，第1列和第2列都是把針插入角中央的外側半目上。

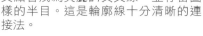

6 交點會成為美麗的交叉線，並存留圖樣的半目。這是輪廓線十分清晰的連接法。

蕾絲編織的美麗完成法

細心織好的蕾絲編織，有時會被指尖的汗水或灰塵弄髒，此際，使用清潔劑洗淨，整理編織目就成了重要的最後作業。

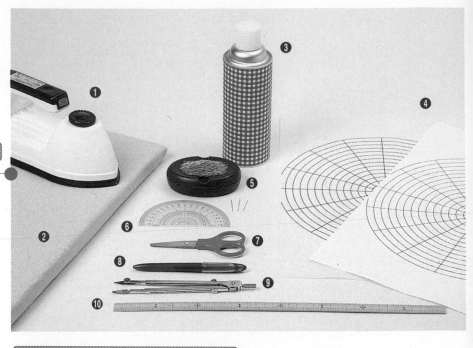

完成所需的工具

① 熨斗：最後完成時需要的整理用具。
② 整燙台：在實物大小的用紙上打固定針時使用，故重點是寬度大小足夠和能夠插入固定針。
③ 噴膠：為了讓作品平整展開所使用的完成用膠水。
④ 描圖紙：用來描繪打固定針基準用的圓或分割線。
⑤ 絲針（silk pin）：不生鏽的固定針。儘量用細的，同時需要具備讓熨斗壓過的彈性。
⑥ 分度器：用來決定角度，或做分割線、區分線。
⑦ 剪刀：用來剪紙。
⑧ 自動鉛筆或鉛筆：能在畫圖紙上描繪型紙。
⑨ 圓規：可畫比作品大或小的圓。要以1cm間隔畫記號線時，可當作基準，方便打固定針。
⑩ 尺：用來畫線等。

洗到白淨

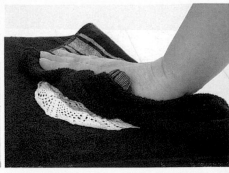

1 把洗滌用清潔劑放入水中充分溶解後，浸泡作品揉洗。換水洗淨。

2 夾在厚的乾毛巾中，邊擠壓，邊去除水分到半乾程度。

上膠的方法

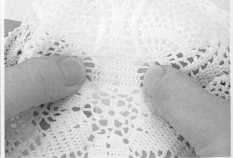

1 從作品的背面噴噴膠，輕輕捏揉，讓作品充分吸收膠水。

2 吸收過膠水的作品，其編織目會收縮，故要用指尖拉開。

3 沿著編織目，仔細將縱目、橫目整理恢復到原來的狀態。但此際要注意編織目別拉伸過大。

打固定針進行整型。蕾絲編織的美
在於鏤空的花樣。而編織鏤空圖案
最講究的部分,就是編織目和編織
目之間的空間務必一致。

1 型紙背面朝上放在整燙台,打針固定
避免四角移動。然後把作品背面朝
上,疊在固定好的型紙上,決定中心
點後,在周圍打固定針。

2 邊對準型紙的分割縱線和圓橫線,邊決
定每個花樣上的重點位置。然後邊拉編
織目,邊以略拉緊的狀態打固定針。

3 以針頭朝外側方式打固定針,花樣都在同一線上,
要注意。

4 到了花樣分開的段,要在兩側打固定針,並讓每個花
樣的壟高狀態一致。

熨斗的整燙法

拔掉中央的固定針,用熨斗整燙。以輕壓的感覺,仔細
朝外側整燙。在完全乾燥之前,不要拔掉針。趕時間的
話,用吹風機送熱風也是一種方法。

收納的方法

美麗的完成作品,當然也要細心收納。收納時,底下墊
張薄紙,捲在保鮮膜的芯筒上保管。這是避免編織目走
樣,永保作品美麗的好點子。

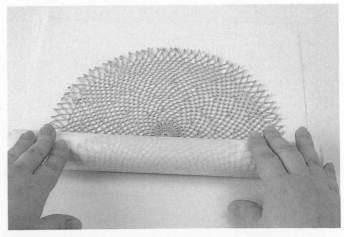

蕾絲編織常用的針法和編織法

針法記號（JIS）日本工業規格

為使針法記號（編織目記號）達成標準化，在1995年，獲得財團法人日本規格協會的承認，進行制訂。
記號是從正面看的組織圖，以容易分辨的織法狀態來表現。
其中JIS記號規定的短針記號是[×]，但本書只針對短針，自行使用[＋]的記號，這是基於表現上的優勢所作的改變。

未完成的織目

花樣編多半以鎖針、短針和長針為基礎加以構成。
但在操作各針法的最後引拔之前，針上還保留圈的狀態，稱為未完成的織目。
想統合為1目構成花樣時，可藉由未完成的織目狀態來做變化。
例如玉針、2針併為1針、3針併為1針等，都是利用未完成狀態來操作統合為1目。

未完成的短針	未完成的中長針	未完成的長針	未完成的長長針
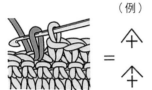		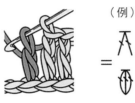	

※第84～91頁的織片，是用0號蕾絲針編織OLYMPUS EMMY GRANDE線而成的實物大小作品。請當作使用同線編織時的基準。

中長針

❶編織2目豎立用鎖針，針掛線，然後把針插入從針上那目算起，第5目的鎖針上側半目，和裡山共2條線中。

❷掛線拉出較長的圈（鎖針2目份高度的線）。針再次掛線，把3個圈一口氣拉出。

❸織好中長針。反覆步驟❶、❷編織。

❹因豎立針算1目，故這是織完4目的情形。

2針長針併為1針

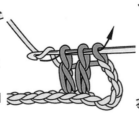

❶首先，編織1目未完成的長針，下一目也用相同方法編織。

❷織好2目未完成的長針後，針掛線，把3個圈一口起拉出。

❸完成2針長針的併針。再編織2目鎖針，接著在箭頭位置，編織2目未完成的長針。

❹織好第2個2針併為1針的情形。雖然頭的目稍微向後（右）偏，但編織下個鎖針時，此目即會穩定下來。

3目中長針的玉針

3目
2目1目
1目
2目豎立
用鎖針
起針
基底的目
1目

❶針掛線，在箭頭位置入針，拉出較長的圈（鎖針2目份高度的線）

3目2目1目

❷在同位置入針，之後用相同方法再做2次，和步驟❶一樣拉出圈。針掛線，依箭頭指示，把掛在針上的圈一口氣拉出。

❸編織3目中長針的玉針。再用1目鎖針拉緊，使玉針穩定下來。

❹接著，編織2目鎖針、3目中長針的玉針，再用1目鎖針拉緊的情形。

變化3目中長針的玉針　雖是中長針，但因增加鎖針1目份的高度，故使用3目鎖針當作豎立針。

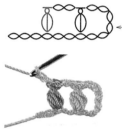

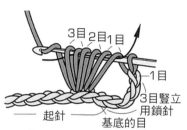

3目 2目 1目
1目
3目豎立
用鎖針
起針
基底的目

❶以「編織3目中長針的玉針」的步驟❶、❷之要領，把3目份的圈掛在針上。然後掛線，依箭頭指示，在剩1個圈之前拉出。

❷再次掛線，拉出剩餘的2個圈，完成第1個玉針。

❸完成第2個玉針的情形。頭的目非常整齊。

3目長針的玉針

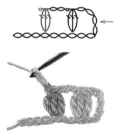

第1段

3目
1目
3目豎立
用鎖針
起針
1目
基底的目

❶編織3目豎立用鎖針。然後，編織1目未完成的長針。

未完成的長針

❷在同一目入針，編織3目未完成的長針，再依箭頭指示，把4個圈一口氣拉出。

拉緊

❸用1目鎖針把「3目長針併為1針」頭上的目束緊。

❹反覆進行步驟❶～❸，然後用1目鎖針束緊3目長針的玉針。

❺編織到左端為止，然後把左側轉到面前般翻面。此際，3目長針的玉針的右側會變成頭部，左側會成為拉緊的目。

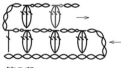

第2段
平織要看著前段織片的背面編織。

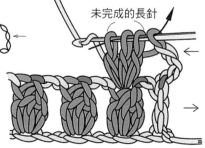

未完成的長針

❶在第1段的玉針頭部（從背面看是位於左側的鎖針八字形2條線）編織3目未完成的長針，再依箭頭指示，把4個圈一口氣拉出。

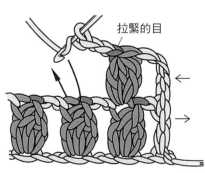

拉緊的目

❷用相同方法反覆操作，在前段玉針的頭部編織3目長針的玉針，然後用1目鎖針束緊。

5目長針的爆米花針

第1段

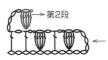
第2段

第1段

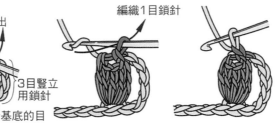
拉出
編織1目鎖針

3目豎立
用鎖針

—— 起針 ——
基底的目

❶在同一目中編織5目長針，針暫時抽離，改從前側把針插入右端的長針頭部，再插入剛才抽離的那目，拉出到前面。

❷依❶的箭頭指示，只把針尖的圈拉出於最初一目（掛在針上的目），然後再編織1目鎖針拉緊。

❸把從掛在針上的那目算起的第2目，當作拉緊的目。

❹依據針法記號，編織1目鎖針、1目長針和1目鎖針，形成爆米花針。

第2段
織片翻面，在背面編織時，為使爆米花出現於正面，需要改變入針的方法。

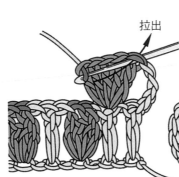
拉出

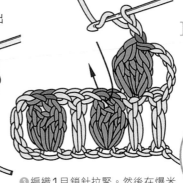
拉出

Point

從前側（背面），把針插入爆米花針的環（第2段時在後側），整束挑起。

❶在第1段的長針頭部（鎖針的八字形2條線）編織爆米花針。

❷從後側把針插入右端的長針頭部，接著插入剛才抽離的目，然後拉出於後側。

❸編織1目鎖針拉緊。然後在爆米花針上編織長針。

5目長針的爆米花針（整束挑起）

在前段方眼編的鎖針空間入針，整束挑起編織。

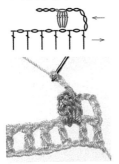

拉出

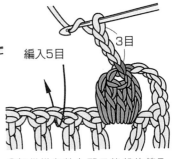
拉緊
編入5目
3目

❶在前段方眼編的鎖針上整束挑起編織。針暫時抽離，改從前側把針插入右端的長針頭部，接著插入抽離的那目，拉出於前面。

❷依❶的箭頭指示，只把針尖的圈拉出於最初一目（掛在針上的目），然後再編織1目鎖針拉緊。

❸把從掛在針上那目算起的第5目，當作拉緊的目。編織3目鎖針，繼續編織下個爆米花針。

編入2目長針（加1目鎖針）

從1目編出3目。

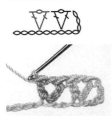

3目豎立
用鎖針

—— 起針 ——
基底的目
1目

1目鎖針

1　2

❶用3目鎖針當作豎立針，在從基底目算起的第2目上，編入1目長針。

❷編織1目鎖針，接著依箭頭指示，把針再次插入編織長針的那目上。

❸針掛線，再編織1目長針。

❹織好2個花樣的情形。

編入5目長針（松編）

從1目編出5目

織5目長針 ← 編織5目長針
短針 ← 短針
1目豎立用鎖針
起針 ← 起針
2目

❶ 編織1目短針，針掛線，把針插入第3目的箭頭位置。

❷ 編織長針。

❸ 接著在同一目上編織長針。

短針 ← 短針

❹ 編入5目長針，在第3目上編織短針。

❺ 織好1個花樣。

❻ 用相同方法反覆作業，織好2個花樣的情形。

長針的交叉針

捲2次
4目豎立用鎖針
起針 ← 起針
基底的目

❶ 在針上捲2次線，並依箭頭指示入針。

❷ 拉出鎖針2目份高度的線，編織未完成的長針。

2目

❸ 跳過2目，在箭頭位置又編織另一目未完成的長針。

❹ 針上有2目未完成的長針。針掛線，依箭頭指示，拉出2個圈。

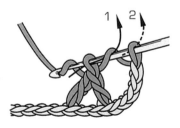

1　2

❺ 把未完成的長針2針併為1針，亦即針掛線，分2次拉出，編織長針。

2目

❻ 編織2目鎖針，針掛線，挑箭頭位置的2條線。

1　2

❼ 拉出線，編織長針。

❽ 用長針的交叉針織好2個花樣的情形。

Y字針

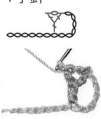

捲2次
編織長長針
4目豎立用鎖針
起針 ← 起針
基底的目
1目

❶ 在針上捲2次線，接著在箭頭的目上編織長長針。

捲1次
1目鎖針

❷ 編織1目鎖針，針掛線，依箭頭指示把針插入長長針的2條線中。

1　2

❸ 掛線，拉出圈，編織長針。

❹ 完成Y字針。然後反覆進行步驟❶～❸。

逆Y字針

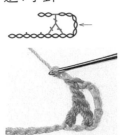

捲2次
1目鎖針
編織未完成的長針
4目豎立用鎖針
編織未完成的長針
基底的目
起針
跳過1目
1 2 3

❶ 在針上捲2次線，編織未完成的長針。

❷ 依箭頭指示，再次編織1目未完成的長針。

❸ 針邊掛線，邊依箭頭記號順序，以一次2個圈的方式，分3次拉出。

❹ 完成逆Y字針。反覆進行步驟❶～❸。

3目鎖針的引拔結粒

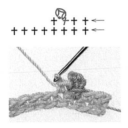

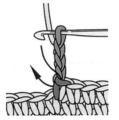   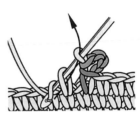

❶ 編織3目鎖針，依箭頭指示，把針插入頭的半目和腳共2條線上。

❷ 針掛線，依箭頭指示，一口氣引拔到鎖針為止。

❸ 完成引拔結粒。接著編織短針。

❹ 編織結粒之後的短針，才能使結粒穩定下來。

3目鎖針的短針結粒

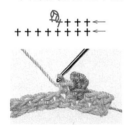

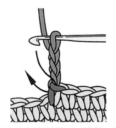 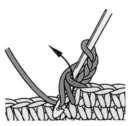 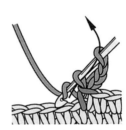 

❶ 短針之後編織3目鎖針，再依箭頭指示，把針插入短針頭部前側的1條線，以及腳左側的1條線（共2條線）中。

❷ 針掛線，依箭頭指示入針，把線拉出到短針的頭部為止。

❸ 針再次掛線，依箭頭指示拉出2個圈，編織短針。

❹ 在短針的頭部，織好3目鎖針的短針結粒的情形。

短針的波紋編（平織）

每段都是挑前段短針的頭部（鎖針的八字形2條線）後側半目，進行編織。
由於織片的凹凸猶如波紋一般，故稱為波紋編。

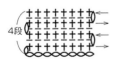

4段

第1段（正面）
挑起針的「鎖針上側半目和裡山共2條線」來編織。

第3段（正面）

第2段（背面）

 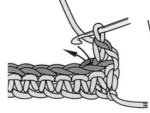  

❶ 織片翻面，編織1目豎立用鎖針，依箭頭指示，把針插入前段右端短針的「頭部後側半目1條線」中。

❷ 編織短針，下一目也用相同方法入針。

❸ 編織到左端為止，然後織片翻面。

❹ 編織1目豎立用鎖針，同樣，挑前段短針的「頭部後側半目1條線」來編織。

編入2目長針

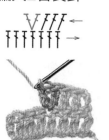

在同一目持續編織，把目數增加。
是使用在加針或分散加針時的織法。

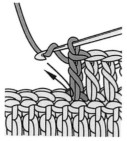

❶ 在同一目中，以等高方式，編織2目長針。

❷ 因編織2目長針，故形成加針1目的狀態。

編入3目長針

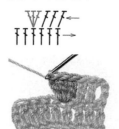

在同一目持續編織，把目數增加。織片也會朝左右擴大。

持續在同一目中編織3目等高的長針。

2針長針併為1針

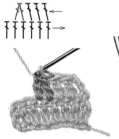

要統合為1目時，使用未完成的長針。
是使用在減針或分散減針時的織法。

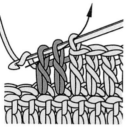

❶ 編織2目未完成的長針，針掛線，把3個圈一口氣拉出。

❷ 完成2針併為1針長針，形成減針1目的狀態。

3針長針併為1針

編織3目未完成的長針，針掛線，把4個圈一口氣拉出。
形成減針2目的狀態。

短針的條紋編（平織）

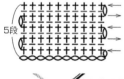

決定正面之後，每段交替挑前段短針頭部（鎖針的八字形2條線）的前側半目，和後側半目進行編織，讓正面呈現鎖針半目狀的條紋。亦即正面看得見短針頭部的鎖針半目所形成的「條紋」。

第1段（背面）

❶ 第1段（正面）是挑起針的「鎖針上側半目和裡山共2條線」編織。

第2段（背面）

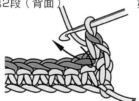

❷ 織片翻面，編織1目豎立用鎖針。在前段的短針頭部，依箭頭指示，挑其前側半目編織。

第3段（正面）

❸ 織片翻面，在前段的短針頭部，挑其後側半目編織。

第4段（背面）

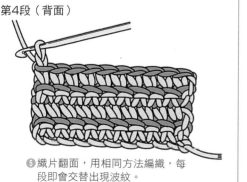

❺ 織片翻面，用相同方法編織，每段即會交替出現波紋。

第4段（背面）

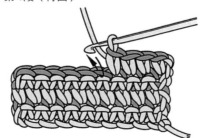

❹ 織片翻面，挑前段短針頭部的前側半目編織。

第5段（正面）

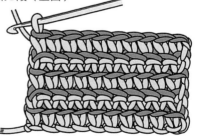

❺ 織片翻面，挑前段短針頭部的後側半目編織。結果正面即會呈現由短針頭部的鎖針半目所形成的條紋。

編入2目短針

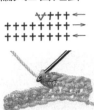

在同一目持續編織，把目數增加。是使用在加針或分散加針時的織法。

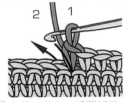

❶ 在同一目中，重覆編織1目短針。

❷ 要以等高方式編織。

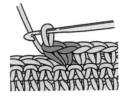

❸ 編織2目短針，形成加1針的狀態。

編入3目短針

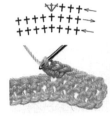

在同一目持續編織，把目數增加。織片也會朝左右擴大。

持續在同一目中編織3目等高的短針。

編入2目短針（加1目鎖針）

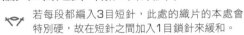

若每段都編入3目短針，此處的織片的本處會特別硬，故在短針之間加入1目鎖針來緩和。

在前段的同一目上，編入「1目短針、1目鎖針和1目短針」共3目。

3針短針併為1針

使用在減針或分散減針時的技法。

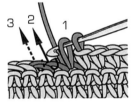

❶ 在前段的3目上逐一編織未完成的短針。拉出的目需要等高。

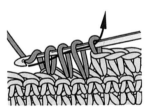

❷ 針掛線，依箭頭指示，把4個圈一口氣拉出。

❸ 織好「3針短針併為1針」，形成減針2目的狀態。

引拔繩

稱為2重鎖的其中一種。是伸縮性少的織法，能簡單編織，用途也廣泛。

❶ 每一目鎖針的大小都要一致，用鎖針編織到需要的尺寸。
❷ 把針插入鎖針的裡山做引拔針。線避免拉得太緊或太鬆。
❸ 以相同步調引拔。因鎖針和引拔用線的組合方式可自由選擇，故可利用配色增加變化樂趣。

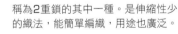

線繩

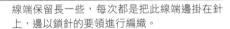

線端保留長一些，每次都是把此線端邊掛在針上，邊以鎖針的要領進行編織。

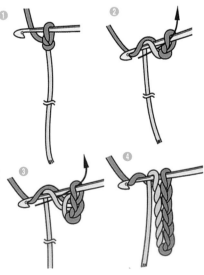

❶ 線端大約保留線繩完成尺寸的3倍長度，然後進行鎖針的起針。
❷ 編織1目鎖針，把剩餘的線端從前面掛到後面，編織線掛在針上，引拔編織鎖針。
❸ 同法，每次都邊把線端從前面掛到後面，邊編織鎖針。
❹ 反覆操作，編織到需要的尺寸。

從圖樣的挑針法　指圖樣連接完畢後，編織緣編時，挑編織終點側的織法。

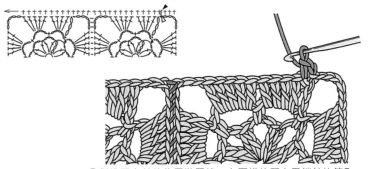

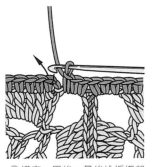

❶對準豎立針的位置裝置線。在圖樣的豎立用鎖針的第3目「正面八字形2條線和裡山之間」做引拔。並在和豎立針同一目上編織最初的短針。

❷在前段的頭部是挑鎖針的八字形2條線，在鎖針的部分是整束挑起。

❸織完一周後，最後挑編織起點的短針頭部之鎖針的八字形2條線，做引拔。

在織片邊端的換線法、補線法

使用在線不夠時，或要換配色線的時候。本例是在織片的正面補線。

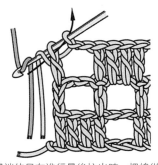
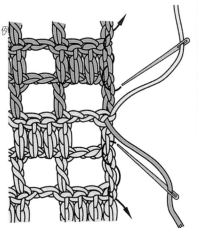

❶邊端的目在進行最後拉出時，把線從針的前側掛到後側，擱置。
補充的線是從針的後側往前側掛上，再依箭頭指示，把補充的線一口氣拉出。

❷在邊端收線。依箭頭指示，補充的線放在下側，擱置的線放在上側，以纏捲在目上的方式收線。

配色線的更換法（圓形編織的情形）

引拔準備更換配色線的最後一目時，換上新線。但每次換色時都要收線。

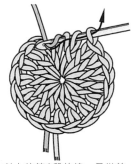

❶掛在針上的第1段的線，是從前面掛到後面。而配色線則從後側往前面掛在針上。依箭頭指示，一起拉出。

蝦繩

邊把織片朝左旋轉，邊編織成繩子。織目的動向會產生複雜又有趣的模樣。

❶編織2目鎖針當作鎖針的起針。針插回第1目的鎖針上，掛線拉出。
❷針掛線，把2個圈一起拉出。
❸把織片向左旋轉。
❹在箭頭位置，編織1目短針。
❺織片向左旋轉，依箭頭指示把針插入步驟❻的2條線上，編織短針。
❻反覆步驟❺、❻，織好必要的尺寸。

❷把針插入編織起點的豎立用鎖針第3目的「正面八字形2條線和裡山之間」，掛線引拔。

❸這是換好第2段配色線的情形。接著編織豎立用鎖針。第1段的線端是用第2段的長針編織包覆起來。

❹完成第2段的情形。

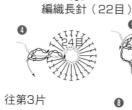

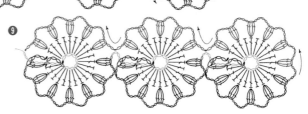

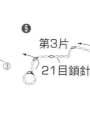
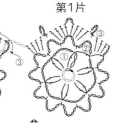

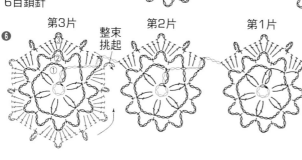
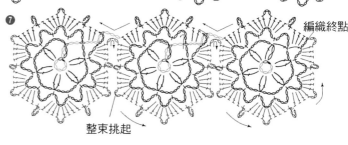

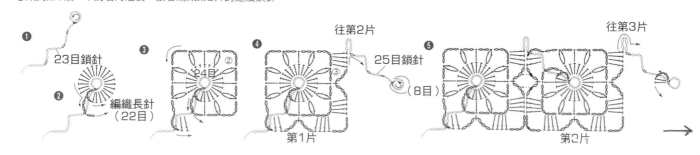

的織法

圖樣全部是4目長針的爆米花針，故要在當作軸的連續鎖針上，編織相當於4目長針的爆米花針。

以步驟❹的要領，把豎立用鎖針在連續鎖針的後側半目上做引拔。接著，在引拔的連續鎖針同一目上編織2目長針，針暫時抽離，改從豎立用鎖針的第3目（鎖針正面的八字形2條線和裡山之間）前側入針，再把針插回抽離的那目，只把靠針尖的圈拉出於前面，再次編織1目鎖針，拉緊。

❶ 拉出於前面

❷ 拉出於後側

❸ 編織長針（22目）

❹ 24目

❺ 往第2片 18目鎖針 拉出於此

❻

❼ 往第3片 18目鎖針 拉出於此

❽ 往第2片

❾

連續鎖針圖樣2的織法

❶ 編織當作軸的連續鎖針17目，然後在從掛在針上那目算起的第9目之前側半目上做引拔。

❸～❺第1段是編織22目長針，第2段是編織一半後，編織18目連續鎖針移到第2片上。

❻～❽以相同要領進行編織，持續編織到第3片，返回編織。

❾返回編織到起點的位置，在連續鎖針的最初一目做引拔。

連續鎖針圖樣3的織法

❶～❸用6目鎖針做環編起針，編織到第2段為止。

❹織好第3段的上側之後，編織連續鎖針，做第2片中心的環編起針。

❺～❼用相同方法進行到第3片為止，返回是邊編織第3段邊連接。

❶ 1片 6目鎖針

❷

❸

❹ 往第2片 鎖針（21目）

❺ 第3片 21目鎖針 第2片 第1片

❻ 第3片 整束挑起 第2片 第1片

❼ 編織終點 整束挑起

連續鎖針圖樣4的織法

❶～❸編織23連續鎖針，當作環編起針，邊在連續鎖針上做引拔，邊編織到第2段為止。

❹織到第3段一半的右角之後，接著編織第2片的連續鎖針。

❺、❻以相同要領繼續編織到第3片為止，返回編織。

❼返回編織到起點的位置，在連續鎖針的最初一目做引拔。

❶ 23目鎖針

❷ 編織長針（22目）

❸ 24目

❹ 往第2片 25目鎖針（8目）

❺ 往第3片

第1片 第2片

● 24頁

變化型A的織法

● 線／DMC CORDONNET SPECIAL #30 5g
● 蕾絲針／8號
● 完成尺寸／直徑約10cm
● 織法的重點
第1～6段為止，和練習作品1～6段的編織要領
相同。第7段起，以練習作品3～7段的要領，反
覆編織到第11段為止。在第12段，反覆編織
「1目短針＋3目鎖針」，形成加針狀態。
第13段、14段，則和練習作品9、10段的編織
方法相同。

● 24頁

變化型B的織法

● 線／DMC CORDONNET SPECIAL #30 5g
● 蕾絲針／8號
● 完成尺寸／直徑約8.5cm
● 織法的重點
第1～10段為止，和變化型A的編織方法相同。
第11段是以和第3段相同的花樣，編織36個圖
案。

● 71頁

蕾絲織帶2的織法

● 線／OLYMPUS
金票＃40蕾絲線〈段染〉
● 蕾絲針／8號
● 織法的重點
編織7目鎖針，在最初一目做引拔。
編織4目豎立用鎖針，以箭頭①的方
向和②的方向交替進行編織。

起點

6

第3片

7

編織終點

1片   2片   3片

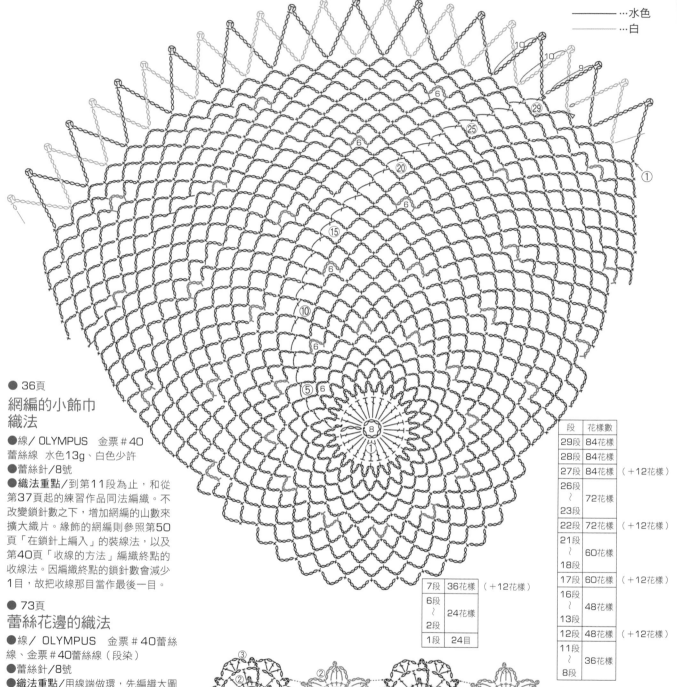

—— …水色
—— …白

段	花樣數	
29段	84花樣	
28段	84花樣	
27段	84花樣	（＋12花樣）
26段 ～ 23段	72花樣	
22段	72花樣	（＋12花樣）
21段 ～ 18段	60花樣	
17段	60花樣	（＋12花樣）
16段 ～ 13段	48花樣	
12段	48花樣	（＋12花樣）
11段 ～ 8段	36花樣	

7段	36花樣	（＋12花樣）
6段 ～ 2段	24花樣	
1段	24目	

● 36頁
網編的小飾巾
織法

●線／OLYMPUS 金票＃40
蕾絲線 水色13g、白色少許
●蕾絲針／8號
●織法重點／到第11段為止，和從
第37頁起的練習作品同法編織。不
改變鎖針數之下，增加網編的山數來
擴大織片。緣飾的網編則參照第50
頁「在鎖針上編入」的裝線法，以及
第40頁「收線的方法」編織終點的
收線法。因編織終點的鎖針數會減少
1目，故把收線那目當作最後一目。

● 73頁
蕾絲花邊的織法

●線／OLYMPUS 金票＃40蕾絲
線、金票＃40蕾絲線（段染）
●蕾絲針／8號
●織法重點／用線端做環，先編織大圖
樣。然後邊編織小圖樣邊用引拔結粒
的第2目鎖做連接。連接法參照第
78頁的「用引拔針（從正面入針的方
法）」。

● 71頁
蕾絲織帶3的織法

●線／OLYMPUS 金票＃40蕾絲線
●蕾絲針／8號
●織法重點／配合花樣數，進行「5的倍數＋3目」的
起針。第1段是挑起針的鎖針半目編織，之後把織片
旋轉到進行方向，編織反側的第2段。進行短針時是
挑剩餘的2條線（鎖針的半目和裡山），進行花樣編
織時是挑起針鎖針的束。

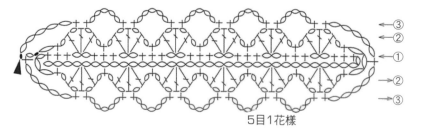

5目1花樣

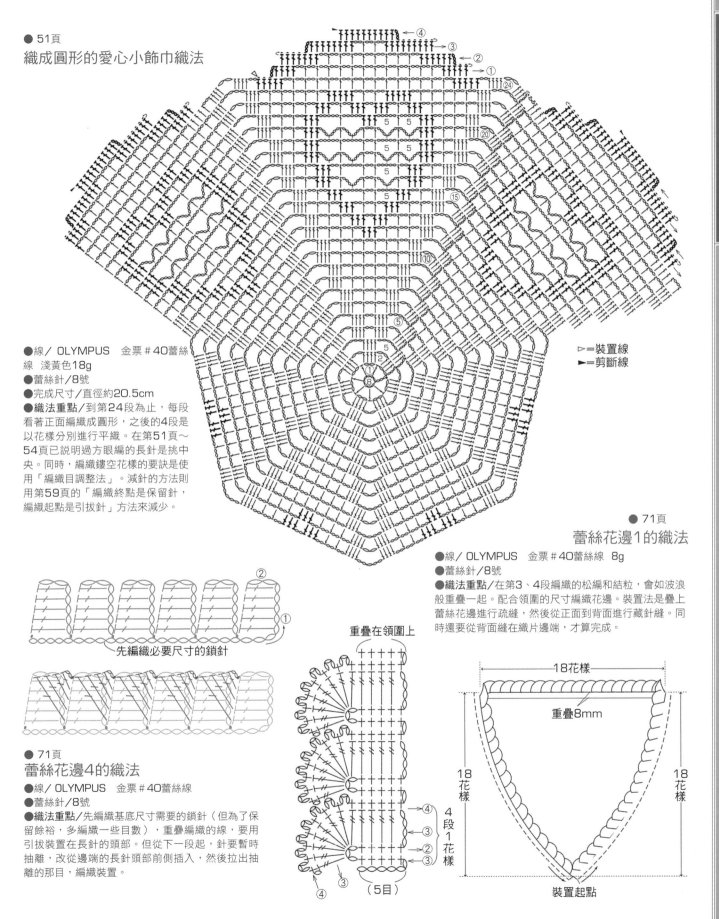

● 51頁
織成圓形的愛心小飾巾織法

●線／OLYMPUS　金票＃40蕾絲
線　淺黃色18g
●蕾絲針／8號
●完成尺寸／直徑約20.5cm
●織法重點／到第24段為止，每段
看著正面編織成圓形，之後的4段是
以花樣分別進行平織。在第51頁～
54頁已說明過方眼編的長針是挑中
央。同時，編織鏤空花樣的要訣是使
用「編織目調整法」。減針的方法則
用第59頁的「編織終點是保留針，
編織起點是引拔針」方法來減少。

▷＝裝置線
►＝剪斷線

②
①
先編織必要尺寸的鎖針

● 71頁
蕾絲花邊4的織法
●線／OLYMPUS　金票＃40蕾絲線
●蕾絲針／8號
●織法重點／先編織基底尺寸需要的鎖針（但為了保
留餘裕，多編織一些目數），重疊編織的線，要用
引拔裝置在長針的頭部。但從下一段起，針要暫時
抽離，改從邊端的長針頭部前側插入，然後拉出抽
離的那目，編織裝置。

重疊在領圍上

④
③
②
③
4段
1花樣

④
③
③
（5目）

● 71頁
蕾絲花邊1的織法
●線／OLYMPUS　金票＃40蕾絲線　8g
●蕾絲針／8號
●織法重點／在第3、4段編織的松編和結粒，會如波浪
般重疊一起。配合領圍的尺寸編織花邊。裝置法是疊上
蕾絲花邊進行疏縫，然後從正面到背面進行藏針縫。同
時還要從背面縫在織片邊端，才算完成。

├─18花樣─┤
重疊8mm
18花樣
18花樣
裝置起點

● 70頁

胸花A的織法

●線／DMC CORDONNET SPECIAL #40　米白色約20g
●蕾絲針／8號
●其他／胸花別針1個、十字繡針no.23
●和練習作品相同的圖樣／野玫瑰B…2片　野玫瑰C…3片　波紋編的葉子A…5片
●原創圖樣／樹果…3個、胸花台…1片
●織法重點／野玫瑰參照61～64頁編織。最大的C雖編織6段，但當作橋的短針挑法相同。樹果也以同要領，編織稍微縱長些，編織終點的線梁縫在鎖針編織的莖上。然後編織胸花台，依據完成圖要領，把圖樣統合疊在胸花台上，並縫合固定。樹果是從花的下側，邊注意平衡邊固定在胸花台上。胸花台的周圍要輕輕縫在圖樣背側，最後裝置胸花別針。

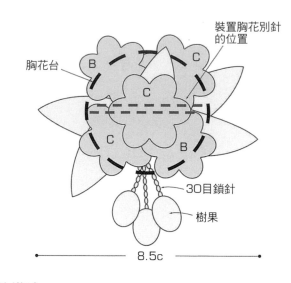

裝置胸花別針的位置

胸花台

B　C

C

C　B

30目鎖針

樹果

8.5c

● 70頁

胸花B、C的織法

●線／HAMANAKA TITI CROCHET　　B＝米白色　約10g、C＝酒紅色　約20g
●蕾絲針／0號
●其他／胸花別針1個、十字繡針no.19
●和練習作品相同的圖樣／波紋編的葉子A…3片
●織法重點／B、C花的織法相同。做環編起針，第1段編織10目短針。在第2段編織當作最初基底的橋梁。在第4、6、8段編織的做橋梁用短針，是從前段花瓣的背面，挑花瓣中心的橋梁束。因花瓣會各移動半個圖樣，故更顯立體。
C是編織3片波紋編的葉子A，裝置在花的背面。
胸花台的作法和胸花A相同，編織到第3段為止。胸花台周圍也要輕輕縫在圖樣背面，最後裝置胸花別針。

樹果

編織終點

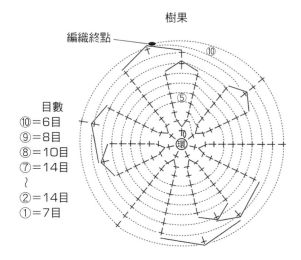

目數
⑩＝6目
⑨＝8目
⑧＝10目
⑦＝14目
～
②＝14目
①＝7目

胸花台

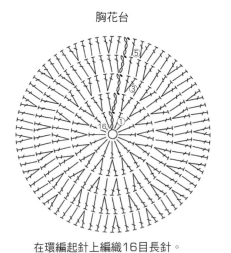

在環編起針上編織16目長針。
胸花台的大小要配合胸花大小

三葉草（shamrock）的織法

愛爾蘭的蕾絲編織是在中世紀後半誕生於愛爾蘭地方。而三葉草（shamrock）正是愛爾蘭的國花。

重點

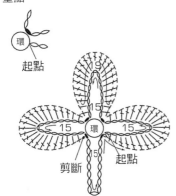

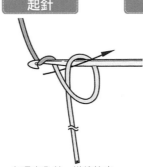

起針　**第1段**

在環中入針，掛線拉出。

1 再度掛線、拉出，這個起頭針不算1目。

2 編織15目鎖針。

3 在起針的環上做引拔，用相同方法反覆進行步驟1～3。

4 反覆3次後在起針的環上做引拔，拉線，把環束緊。並將第4個環當作葉的莖。

第2段

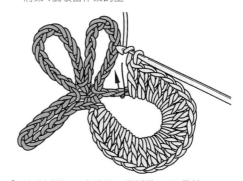

1 在第1個環的束上做引拔。

2 用1目鎖針當作豎立針，再編織短針。

3 接著編織1目中長針，再編織19目長針。

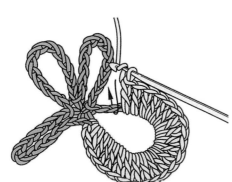

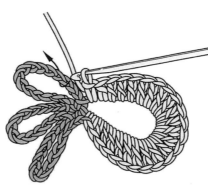

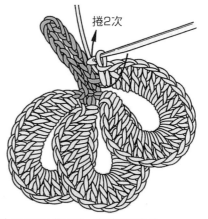

4 配合編織圖編織1目中長針和1目短針，完成1片葉子。

5 移到下個環上，用相同方法編織第2片葉子。

6 織好3片葉子後，在第1段的引拔針上做引拔固定，收線。

TITLE

蕾絲鉤織針法&花樣

STAFF

出版	瑞昇文化事業股份有限公司
監修	北尾惠以子
譯者	楊鴻儒
總編輯	郭湘齡
責任編輯	王瓊苹
文字編輯	闕韻哲
美術編輯	朱哲宏
排版	菩薩蠻電腦科技有限公司
製版	明宏彩色照相製版股份有限公司
印刷	皇甫彩藝印刷股份有限公司
戶名	瑞昇文化事業股份有限公司
劃撥帳號	19598343
地址	台北縣中和市景平路464巷2弄1-4號
電話	(02)2945-3191
傳真	(02)2945-3190
網址	www.rising-books.com.tw
Mail	resing@ms34.hinet.net
本版日期	2014年9月
定價	250元

國家圖書館出版品預行編目資料

蕾絲鉤織針法&花樣 /
北尾惠以子監修;楊鴻儒譯.
-- 初版. -- 台北縣中和市:瑞昇文化,2009.11
96面;21×26公分

ISBN 978-957-526-903-6 (平裝)

1.編織　2.手工藝

426.4　　　　　　　　98020901

國內著作權保障,請勿翻印 ／ 如有破損或裝訂錯誤請寄回更換

LACE AMI
Supervised by Eiko Kitao
© NIHON VOGUE-SHA 2008
All rights reserved
Photographer: Ai ASANO
Originally published in Japan in 2008 by Nihon Vogue Co., Ltd.
Chinese translation rights arranged through DAIKOUSHA INC., KAWAGOE.